中国地质调查成果 CGS 2017-056
内蒙古自治区矿产资源潜力评价成果系列丛书

内蒙古自治区硫铁矿资源潜力评价

NEIMENGGU ZIZHIQU LIUTIEKUANG ZIYUAN QIANLI PINGJIA

孙月君 刘和军 赖 波 等著

图书在版编目(CIP)数据

内蒙古自治区硫铁矿资源潜力评价/孙月君等著. —武汉:中国地质大学出版社,2018.8
(内蒙古自治区矿产资源潜力评价成果系列丛书)
ISBN 978-7-5625-4394-7

Ⅰ.①内…
Ⅱ.①孙…
Ⅲ.①黄铁矿-资源潜力-资源评价-内蒙古
Ⅳ.①P618.310.622.6

中国版本图书馆 CIP 数据核字(2018)第 198375 号

内蒙古自治区硫铁矿资源潜力评价		孙月君　刘和军　赖波　等著
责任编辑:胡珞兰	选题策划:毕克成　刘桂涛	责任校对:张咏梅
出版发行:中国地质大学出版社(武汉市洪山区鲁磨路388号)		邮编:430074
电　　话:(027)67883511	传　　真:(027)67883580	E-mail:cbb@cug.edu.cn
经　　销:全国新华书店		http://cugp.cug.edu.cn
开本:880 毫米×1230 毫米　1/16		字数:293 千字　印张:9　插页:2
版次:2018 年 8 月第 1 版		印次:2018 年 8 月第 1 次印刷
印刷:武汉中远印务有限公司		印数:1—900 册
ISBN 978-7-5625-4394-7		定价:198.00 元

如有印装质量问题请与印刷厂联系调换

《内蒙古自治区矿产资源潜力评价成果》
出版编撰委员会

主　　任：张利平

副 主 任：张　宏　赵保胜　高　华

委　　员：（按姓氏笔画排列）

　　　　　于跃生　王文龙　王志刚　王博峰　乌　恩　田　力

　　　　　刘建勋　刘海明　杨文海　杨永宽　李玉洁　李志清

　　　　　辛　盛　宋　华　张　忠　陈志勇　邵和明　邵积东

　　　　　武　文　武　健　赵士宝　赵文涛　莫若平　黄建勋

　　　　　韩雪峰　路宝玲　褚立国

项目负责：许立权　张　彤　陈志勇

总　　编：宋　华　张　宏

副 总 编：许立权　张　彤　陈志勇　赵文涛　苏美霞　吴之理

　　　　　方　曙　任亦萍　张　青　张　浩　贾金富　陈信民

　　　　　孙月君　杨继贤　田　俊　杜　刚　孟令伟

《内蒙古自治区硫铁矿资源潜力评价》

主　　编：孙月君

编著人员：孙月君　刘和军　赖　波　郭洪春　王志刚　吴　磊　韩雪峰
　　　　　张　福　刘　剑　刘志明　王　坤　巴福臣　燕振云　詹静一
　　　　　林美春　赵　敏　郑　婷　刘洁宇　许立权　张　彤　张　青
　　　　　苏美霞　任亦萍　张　浩　吴之理　方　曙

项目负责单位：中国地质调查局

　　　　　　　内蒙古自治区国土资源厅

编撰单位：内蒙古自治区国土资源厅

主编单位：内蒙古自治区地质调查院

　　　　　中化地质矿山总局内蒙古自治区地质勘查院

　　　　　内蒙古自治区国土资源信息院

　　　　　内蒙古自治区国土资源勘查开发院

　　　　　内蒙古自治区地质矿产勘查院

　　　　　内蒙古自治区第十地质矿产勘查开发院

序

2006年,国土资源部为贯彻落实《国务院关于加强地质工作决定》中提出的"积极开展矿产远景调查评价和综合研究,科学评估区域矿产资源潜力,为科学部署矿产资源勘查提供依据"的精神要求,在全国统一部署了"全国矿产资源潜力评价"项目,"内蒙古自治区矿产资源潜力评价"项目是其子项目之一。

"内蒙古自治区矿产资源潜力评价"项目2006年启动,2013年结束,历时8年,由中国地质调查局和内蒙古自治区人民政府共同出资完成。为此,内蒙古自治区国土资源厅专门成立了以厅长为组长的项目领导小组和技术委员会,指导监督内蒙古自治区地质调查院、内蒙古自治区地质矿产勘查开发局、内蒙古自治区煤田地质局以及中化地质矿山总局内蒙古自治区地质勘查院等7家地勘单位的各项工作。我作为自治区聘请的国土资源顾问,全程参与了该项目的实施,亲历了内蒙古自治区新老地质工作者对内蒙古自治区地质工作的认真与执着。他们对内蒙古自治区地质的那种探索和不懈追求精神,给我留下了深刻的印象。

为了完成"内蒙古自治区矿产资源潜力评价"项目,先后有270多名地质工作者参与了这项工作,这是继20世纪80年代完成的《内蒙古自治区地质志》《内蒙古自治区矿产总结》之后集区域地质背景、区域成矿规律研究,物探、化探、自然重砂、遥感综合信息研究以及全区矿产预测、数据库建设之大成的又一巨型重大成果。这是内蒙古自治区国土资源厅高度重视、完整的组织保障和坚实的资金支撑的结果,更是内蒙古自治区地质工作者8年辛勤汗水的结晶。

"内蒙古自治区矿产资源潜力评价"项目共完成各类图件万余幅,建立成果数据库数千个,提交结题报告百余份。以板块构造和大陆动力学理论为指导,建立了内蒙古自治区大地构造构架。研究和探讨了内蒙古自治区大地构造演化及其特征,为全区成矿规律的总结和矿产预测奠定了坚实的地质基础。其中提出了"阿拉善地块"归属华北陆块,乌拉山岩群、集宁岩群的时代及其对孔兹岩系归属的认识,索伦山-西拉木伦河断裂厘定为华北板块与西伯利亚板块的界线等,体现了内蒙古自治区地质工作者对内蒙古自治区大地构造演化和地质背景的新认识。项目对内蒙古自治区煤、铁、铝土矿、铜、铅锌、金、钨、锑、稀土、钼、银、锰、镍、磷、硫、萤石、重晶石、菱镁矿等矿种,划分了矿产预测类型;结合全区重力、磁测、化探、遥感、自然重砂资料的研究应用,分别对其资源潜力进行了科学的潜力评价,预测的资源潜力可信度高。这些数据有力地说明了内蒙古自治区地质找矿潜力巨大，寻找国家急需矿产资源，内蒙古自治区大有可为，成为国家矿产资源的后备基地已具备了坚实的地质基础。同时，也极大地增强了内蒙古自治区地质找矿的信心。

"内蒙古自治区矿产资源潜力评价"是内蒙古自治区第一次大规模对全区重要矿产资源现状及潜力进行摸底评价，不仅汇总整理了原1∶20万相关地质资料，还系统整理补充了近年来1∶5万区域地质调查资料和最新获得的矿产、物化探、遥感等资料。期待着"内蒙古自治区矿产资源潜力评价"项目形成的系统的成果资料在今后的基础地质研究、找矿预测研究、矿产勘查部署、农业土壤污染治理、地质环境治理等诸多方面得到广泛应用。

2017年3月

前　言

为了贯彻落实《国务院关于加强地质工作的决定》中提出"积极开展矿产远景调查和综合研究,科学评估区域矿产资源潜力,为科学部署矿产资源勘查提供依据"的要求和精神,国土资源部部署了全国矿产资源潜力评价工作,并将该项工作纳入国土资源大调查项目。内蒙古自治区矿产资源潜力评价为该计划项目下的一个工作项目,工作起止年限为2007—2013年。项目由内蒙古自治区国土资源厅负责,承担单位为内蒙古自治区地质调查院,参加单位有内蒙古自治区地质矿产勘查开发局、内蒙古自治区地质矿产勘查院、内蒙古自治区第十地质矿产勘查开发院、内蒙古自治区煤田地质局、内蒙古自治区国土资源信息院、中化地质矿山总局内蒙古自治区地质勘查院6家单位。

项目的目标是全面开展内蒙古自治区重要矿产资源潜力预测评价,在现有地质工作程度的基础上,基本摸清内蒙古自治区重要矿产资源的"家底",为矿产资源保障能力和勘查部署决策提供依据。

项目具体任务为:①在现有地质工作程度的基础上,全面总结内蒙古自治区基础地质调查和矿产勘查工作成果与资料,充分应用现代矿产资源预测评价的理论方法和GIS评价技术,开展内蒙古自治区非油气矿产——煤炭、铁、铜、铝、铅、锌、钨、锡、金、锑、稀土、磷、银、铬、锰、镍、钼、硫、萤石、菱镁矿、重晶石等矿产资源潜力预测评价工作,对内蒙古自治区有关矿产资源潜力及其空间分布进行估算预测,为研究制定全区矿产资源战略与国民经济中长期规划提供科学依据;②以成矿地质理论为指导,深入开展本自治区范围内的区域成矿规律研究,充分利用地质、物探、化探、遥感、自然重砂和矿产勘查等综合成矿信息,圈定成矿远景区和找矿靶区,逐个评价成矿远景区资源潜力,并进行分类排序,编制本自治区成矿规律与预测图,为科学合理地规划和部署矿产勘查工作提供依据;③建立并不断完善本自治区重要矿产资源潜力预测相关数据库,特别是成矿远景区的地学空间数据库、典型矿床数据库,为今后开展矿产勘查的规划部署研究奠定扎实的信息基础。

项目共分为3个阶段实施:第一阶段为2007年至2011年3月,2008年完成了全区1∶50万地质图数据库、工作程度数据库、矿产地数据库,以及重力、航磁、化探、遥感、自然重砂等基础数据库的更新与维护;2008—2009年开展典型示范区研究;2010年3月提交了铁、铝两个单矿种资源潜力评价成果;2010年6月编制完成全区1∶25万标准图幅建造构造图、实际材料图,全区1∶50万和1∶150的万物探、化探、遥感及自然重砂基础图件;2010年至2011年3月完成了铜、铅、锌、金、钨、锑、稀土、磷及煤等矿种的资源潜力评价工作。第二阶段为2011—2012年,完成银、铬、锰、镍、锡、钼、硫、萤石、菱镁矿、重晶石10个矿种的资源潜力评价工作及各专题成果报告。第三阶段为2012年6月—2013年10月,以Ⅲ级成矿区(带)为单元开展了各专题研究工作,并编写了地质背景、成矿规律、矿产预测、重力、磁法、遥感、自然重砂、综合信息专题报告,在各专题报告的基础上,编写了内蒙古自治区矿产资源潜力评价总体成果报告及工作报告。

内蒙古自治区硫铁矿资源潜力评价工作为第二阶段的工作,项目下设成矿地质背景、成矿规律、矿产预测、物探、化探、遥感应用、综合信息集成5个课题,各课题完成实物工作量见表0-1。

内蒙古自治区硫铁矿资源潜力评价成果项目还得到了内蒙古自治区国土资源厅张宏总工程师、内蒙古自治区地质调查院邵积东总工程师多次指导,全国矿产资源潜力评价项目办公室王炳铨、姜树叶、袁从建、姚超美、熊先孝、连卫等专家对成果报告提出了宝贵的修改意见和建议,在此一并致以诚挚的感谢!

表 0-1 内蒙古自治区硫铁矿资源潜力评价各课题完成实物工作量统计表

课题名称		工作内容	单位	数量
成矿地质背景		预测区图件	幅	14
		说明书	份	14
成矿规律		全区性图件	幅	1
		典型矿床图件	幅	9
		预测工作区图件	幅	14
		内蒙古自治区硫铁矿成矿规律报告	份	1
矿产预测		全区性图件	幅	1
		典型矿床图件	幅	9
		预测工作区图件	幅	14
		内蒙古自治区硫铁矿预测报告	份	1
物探、化探、遥感应用	重力	典型矿床图件	幅	18
		预测工作区图件	幅	21
		内蒙古自治区硫铁矿重力资料应用成果报告	份	1
	磁测	典型矿床图件	幅	18
		预测工作区图件	幅	21
		内蒙古自治区硫铁矿磁测资料应用成果报告	份	1
	化探	典型矿床图件	幅	9
		预测工作区图件	幅	147
		内蒙古自治区硫铁矿化探资料应用成果报告	份	1
	遥感	典型矿床图件	幅	9
		预测工作区图件	幅	21
		内蒙古自治区硫铁矿遥感资料应用成果报告	份	1
综合信息集成		各专题数据库	个	454
内蒙古自治区硫铁矿资源潜力评价成果报告			份	1

目 录

第一章 硫铁矿资源概况 ·· (1)
    第一节 时空分布规律 ·· (1)
    第二节 控矿地质条件 ·· (2)
    第三节 硫铁矿成矿区带划分 ·· (3)

第二章 硫铁矿床类型 ·· (5)
    第一节 矿床成因类型及成矿特征 ··· (5)
    第二节 预测类型及预测工作区划分 ·· (7)

第三章 硫铁矿成矿地质背景研究 ·· (9)
    第一节 硫铁矿成矿地质背景研究工作流程 ·· (9)
    第二节 建造构造特征 ·· (9)
    第三节 大地构造特征 ·· (12)

第四章 硫铁矿典型矿床特征 ·· (17)
    第一节 典型矿床特征 ·· (17)
    第二节 地球物理特征 ·· (42)
    第三节 区域成矿模式 ·· (52)

第五章 硫铁矿预测成果 ·· (65)
    第一节 预测方法类型及预测模型区选择 ·· (65)
    第二节 预测模型与预测要素 ·· (66)
    第三节 预测工作区圈定 ··· (109)
    第四节 最小预测区优选 ··· (113)
    第五节 预测成果 ··· (114)

第六章 硫铁矿资源潜力分析 ··· (121)
    第一节 硫铁矿预测资源量与资源现状对比 ·· (121)
    第二节 预测资源量潜力分析 ··· (121)
    第三节 勘查部署建议 ··· (123)
    第四节 开发基地划分 ··· (126)

结 论 ·· (129)

主要参考文献 ·· (131)

第一章　硫铁矿资源概况

截至 2009 年底,内蒙古自治区硫铁矿上表(指内蒙古自治区矿产资源储量表,2009 年,下同)矿产地 37 处,其中单一或以硫铁矿为主的矿产地 7 处,共生硫铁矿产地 10 处,伴生硫铁矿产地 20 处。全区累计查明硫铁矿资源储量为 52 135.70×10^4 t,其中基础储量 19 321.70×10^4 t,资源量 32 814.00×10^4 t,基础储量和资源量分别占全区查明资源储量的 37.1% 和 62.9%;累计查明伴生硫铁矿 1052.10×10^4 t。全区硫铁矿保有资源储量 50 205.00×10^4 t,伴生硫铁矿 1043.60×10^4 t,居全国第 7 位。其中,硫铁矿基础储量为 17 485.50×10^4 t,资源量 32 719.50×10^4 t,基础储量和资源量分别占保有资源储量的 34.8% 和 65.2%。

全区 17 处以硫铁矿为主以及共生硫铁矿产地中,查明资源储量规模达大型的有 5 处,保有资源储量 38 466.00×10^4 t;达中型的有 7 处,保有资源储量 7527.50×10^4 t。大中型矿产地数量占全区硫铁矿产地的 71%,保有资源储量占全区保有资源储量的 91.6%。

除伴生硫铁矿外,内蒙古自治区查明的硫铁矿资源主要分布在包头市、赤峰市、鄂尔多斯市、呼伦贝尔市、巴彦淖尔市和锡林郭勒盟。其中又集中分布在巴彦淖尔市,该市已查明的东升庙、炭窑口、甲生盘、山片沟、对门山等大中型多金属硫铁矿区的保有资源储量为 37 256.30×10^4 t,占全区硫铁矿保有资源储量的 74.2%。

第一节　时空分布规律

内蒙古自治区硫铁矿分布广泛,截至 2009 年,全区已查明资源储量的矿产地 37 处,其中大型矿床 5 个,中型矿床 7 个,小型矿床 5 个。多数为共生和伴生矿床,单一硫铁矿床很少。在空间上,全区硫铁矿主要分布在狼山—渣尔泰山、白乃庙—哈达庙、黄岗梁—大井子、朝不楞—博克图及陈巴尔虎旗—根河 5 个地区,这些地区同时也是有色金属和多金属矿床集中分布区,构成内蒙古自治区重要的硫铁矿多金属矿集区。在时间上,全区硫铁矿的形成时代跨越比较大,从太古宙至新生代均有不同程度的分布。其中以中元古代和晚古生代为两个非常重要的成矿期,主要的大中型硫铁矿床均在这两个时期形成。中元古代形成的硫铁矿床集中分布在狼山—渣尔泰山地区;晚古生代形成的硫铁矿床主要分布在白乃庙—哈达庙、黄岗梁—大井子、陈巴尔虎旗—根河地区。各类型硫铁矿成矿时代见表 1-1。

表 1-1　内蒙古自治区硫铁矿主要成矿时代一览表

成矿时代		矿床类型	沉积变质型	沉积型	矽卡岩型	海相火山岩型	岩浆热液型
新生代	第四纪	喜马拉雅期					
	第三纪（古近纪＋新近纪）						
中生代	白垩纪	燕山期					
	侏罗纪				＋		
	三叠纪	印支期					
古生代	二叠纪	海西期				＋	＋＋
	石炭纪			＋＋		＋	＋＋
	泥盆纪						
	志留纪	加里东期					
	奥陶纪						
	寒武纪						
元古宙	新元古代						
	中元古代		＋＋＋				
	古元古代						
太古宙	新太古代						
	中太古代						
	古太古代						

注：＋＋＋为重要成矿时代，＋＋为较重要成矿时代，＋为次要成矿时代。

第二节　控矿地质条件

不同成因的矿床具有不同的控矿地质条件，现将全区硫铁矿主要成因类型的控矿因素总结如下。

一、沉积变质型硫铁矿

该类型硫铁矿床集中分布在狼山—渣尔泰山地区的炭窑口—东升庙—甲生盘一带。矿体严格受地层控制，并随地层一起产生变形。

含矿地层为中新元古界渣尔泰山群阿古鲁沟组、增隆昌组，含矿岩性主要为碳质细晶灰岩、碳质板岩、千枚状碳质粉砂质板岩等。硫铁矿多金属矿体在成岩过程中直接成矿，在成矿期后变质过程中发生的层间裂隙及热液活动对成矿物质的进一步富集起到了积极作用。

矿集区地处狼山-白云鄂博裂谷带，构造线总体走向为北东向、北东东向，区域性褶皱构造控制着区内多金属硫铁矿和其他矿产的分布。

二、岩浆热液型硫铁矿

别鲁乌图多金属硫铁矿主要与二叠纪黑云母花岗岩有关;海西期石英闪长岩是拜仁达坝多金属硫铁矿的含矿母岩;朝不楞多金属硫铁矿赋存在燕山期中—酸性侵入岩的外接触带中。

三、海相火山岩型硫铁矿

六一硫铁矿赋存在中生代火山熔岩、凝灰质中酸性熔岩的过渡带中;驼峰山多金属硫铁矿的火山岩建造为二叠系大石寨组流纹质凝灰岩建造、英安质凝灰岩建造。硫铁矿床严格受火山岩控制。

四、沉积型硫铁矿

房塔沟硫铁矿和榆树湾硫铁矿赋存于上石炭统本溪组底部黏土页岩(铝土页岩)中,硫铁矿与铝土页岩同时生成。

第三节 硫铁矿成矿区带划分

通过对内蒙古自治区已知硫铁矿成矿规律进行总结梳理,对硫铁矿成矿区(带)进行了初步划分,见表1-2。

表1-2 内蒙古自治区硫铁矿成矿区(带)初步划分表

Ⅰ级成矿域	Ⅱ级成矿省	Ⅲ级成矿带	Ⅳ级成矿亚带	Ⅴ级矿集区	典型矿床
Ⅰ-4 滨太平洋成矿域(叠加在古亚洲成矿域之上)	Ⅱ-12 大兴安岭成矿省	Ⅲ-5 新巴尔虎右旗-根河(拉张区)铜、钼、铅、锌、金、萤石、煤(铀)成矿带	Ⅲ-5-② 陈巴尔虎旗-根河(拉张区)金、铁、锌、萤石成矿亚带(Cl、Vm-1、Ym)	Ⅴ-1 谢尔塔拉-六一硫铁矿集区(Vm)	六一硫铁矿
		Ⅲ-6 东乌珠穆沁旗-嫩江(中强挤压区)铜、钼、铅、锌、金、钨、锡、铬成矿带(Pt₃、Vm-1、Ye-m)	Ⅲ-6-② 朝不楞-博克图钨、铁、锌、铅成矿亚带(V、Y)	Ⅴ-1 朝不楞-查干敖包硫、铁、锌、铅矿集区(Y)	朝不楞铁多金属矿
		Ⅲ-7 阿尔嘎-霍林河铬、铜(金)、锗、煤、天然碱、芒硝成矿带(Ym)	Ⅲ-7-⑥ 白乃庙-哈达庙铜、金、萤石成矿亚带(Pt、Vm-1、Y)	Ⅴ-1 别鲁乌图-白乃庙硫、铜、金矿集区(Pt、Vm-1)	别鲁乌图硫多金属矿
		Ⅲ-8 林西-孙吴铅、锌、铜、钼、金成矿带(V1、Il、Ym)	Ⅲ-8-① 索伦镇-黄岗铁(锡)、铜、锌成矿亚带	Ⅴ-1 拜仁达坝-哈拉白旗铜、铅、锌、硫矿集区(V)	拜仁达坝锌多金属矿
			Ⅲ-8-③ 莲花山-大井子铜、银、铅、锌成矿亚带(I、Y)	/	驼峰山硫多金属矿

续表 1-2

Ⅰ级成矿域	Ⅱ级成矿省	Ⅲ级成矿带	Ⅳ级成矿亚带	Ⅴ级矿集区	典型矿床
Ⅰ-4 滨太平洋成矿域（叠加在古亚洲成矿域之上）	Ⅱ-14 华北成矿省	Ⅲ-11 华北地台北缘西段金、铁、铌、稀土、铜、铅、锌、银、镍、铂、钨、石墨、白云母成矿带	Ⅲ-11-② 狼山-渣尔泰山铅、锌、金、铁、铜、铂、镍成矿亚带	Ⅴ-1 炭窑口-东升庙硫、铅、锌、铜矿集区（Pt）	东升庙硫多金属矿、炭窑口硫多金属矿
				Ⅴ-2 对门山锌、硫矿集区（Pt）	对门山锌硫矿
				Ⅴ-3 甲生盘-山片沟铅、锌、硫、锰矿集区（Pt）	甲生盘硫多金属矿、山片沟硫多金属矿
		Ⅲ-14 山西断隆铁、铝土矿、石膏、煤、煤层气成矿带	/	/	榆树湾硫铁矿

第二章 硫铁矿床类型

第一节 矿床成因类型及成矿特征

内蒙古自治区硫铁矿资源以共生矿产为主,其中大中型矿产地数量占全区硫铁矿产地的71%,保有资源储量占全区保有资源储量的91.6%。除伴生硫铁矿外,全区查明的硫铁矿资源主要分布在包头市、赤峰市、鄂尔多斯市、呼伦贝尔市、巴彦淖尔市和锡林郭勒盟,其中又集中分布在巴彦淖尔市。矿床成因类型主要有沉积变质型、沉积型、岩浆热液型和海相火山岩型。

一、沉积变质型硫铁矿

该类型硫铁矿床含矿地层为中新元古界渣尔泰山群阿古鲁沟组,岩性主要为碳质细晶灰岩、碳质板岩、千枚状碳质粉砂质板岩,地层控矿特征明显。

1. 东升庙式沉积变质型多金属硫铁矿

该矿床分布在狼山-渣尔泰山中新元古代裂陷槽内,含矿岩系为渣尔泰山群阿古鲁沟组碳质细晶灰岩、碳质板岩、碳质千枚岩,矿体呈层状、似层状沿北东-南西向展布,控制长度2500m,控制斜深1860m,垂深643m,沿走向、倾向仍有延展趋势。主要有用组分为硫、锌、铅、铜、铁。金属矿物主要有黄铁矿、磁黄铁矿、闪锌矿、方铅矿、黄铜矿、磁铁矿等。

矿石自然类型有黄铁矿型、黄铜矿-磁黄铁矿型、黄铜矿-方铅矿-铁闪锌矿-磁黄铁矿型、方铅矿-铁闪锌矿-磁黄铁矿-黄铁矿型、磁黄铁矿-磁铁矿型、磁铁矿-方铅矿-铁闪锌矿-磁黄铁矿型、磁铁矿型。

矿石结构主要有变晶结构、交代结构、固溶体分离结构、塑性变形结构等。矿石构造主要有块状构造、条带状构造、角砾状构造、细脉-网脉状构造、浸染状构造等。

2. 炭窑口式沉积变质型多金属硫铁矿

该矿床分布在狼山-渣尔泰山中新元古代裂陷槽内,含矿岩系为渣尔泰山群阿古鲁沟组白云质灰岩、碳质板岩、绿泥石片岩,矿体呈层状、似层状沿北东-南西向展布。硫铁矿平均品位27.10%,主要有用组分为硫、锌、铅、铜。金属矿物主要有黄铁矿、磁黄铁矿、黄铜矿、方铅矿、闪锌矿等。

矿石自然类型主要有黄铜矿型、黄铜矿-磁黄铁矿型、黄铜矿-方铅矿-铁闪锌矿-磁黄铁矿型、方铅矿-铁闪锌矿-磁黄铁矿-黄铁矿型。

矿石结构主要有他形粒状结构、变胶状结构、自形—半自形粒状结构、碎裂结构等。矿石构造主要有条带状构造、条纹状构造、块状构造、浸染状构造、斑杂状构造等。

3. 山片沟式沉积变质型硫铁矿

该矿床分布在狼山-渣尔泰山中新元古代裂陷槽内,含矿岩系为渣尔泰山群阿古鲁沟组暗色板岩、碳质板岩、含碳砂质白云岩,矿体呈似层状沿北东-南西向展布。硫铁矿平均品位19.59%,主要有用组分为硫、锌、铅。金属矿物主要有黄铁矿、磁黄铁矿,次为闪锌矿和方铅矿。

矿石自然类型主要为黄铁矿型、黄铁矿-闪锌矿型、闪锌矿型。

矿石结构主要有他形粒状结构、变胶状结构、自形—半自形粒状结构、碎裂结构。矿石构造有条带状构造、条纹状构造、浸染状构造、块状构造、斑杂状构造。

二、沉积型硫铁矿

榆树湾式沉积型硫铁矿分布在华北陆块区(Ⅱ)、鄂尔多斯陆块(Ⅱ-5)、鄂尔多斯陆核(鄂尔多斯盆地,Mz)(Ⅱ-5-1)。Ⅲ级成矿区(带)分属山西断隆铁、铝土矿、石膏、煤、煤层气成矿带(Ⅲ-61)。

该类型硫铁矿床含矿岩系为石炭系本溪组铝土页岩。矿体呈结核状、透镜状产出,产状近水平。矿石矿物主要为黄铁矿,含少量黄铜矿;脉石矿物为铝土矿、石膏等。主要有用组分为硫、铝土矿、石膏。矿床规模较小。

三、岩浆热液型硫铁矿

1. 别鲁乌图式岩浆热液型硫铁矿

该矿床分布在温都尔庙杂岩带内,含矿岩体为二叠纪花岗闪长岩,围岩地层为上石炭统本巴图组变质粉砂岩、粉砂质板岩。矿体呈脉状、透镜状产于北东向断裂构造中,含矿岩石主要为硅化的变质细砂岩、变质粉砂岩,围岩蚀变以硅化为主,次为绿泥石化、碳酸盐化、滑石化等。主要有用组分为硫、铜、锌、铅,金属矿物主要为黄铁矿、磁黄铁矿、黄铜矿、闪锌矿、方铅矿。

矿石结构主要为自形—半自形粒状结构、他形粒状结构、包含变晶结构、交代溶蚀结构。矿石构造主要有块状构造、细脉浸染状构造、浸染状构造、团块状构造、角砾状构造等。

2. 朝不楞式矽卡岩型硫铁矿

该矿床分布在二连-东乌珠穆沁旗地槽褶皱带内。Ⅲ级成矿区(带)属东乌珠穆沁旗-嫩江(中强挤压区)铜、钼、铅、锌、金、钨、锡、铬成矿带(Ⅲ-48);Ⅳ级成矿亚带属朝不楞-博克图钨、铁、锌、铅成矿亚带(Ⅲ-6-②);Ⅴ级矿集区分属朝不楞-查干敖包硫、铁、锌、铅矿集区(Ⅴ-1)。矿体赋存在侏罗纪黑云母花岗岩与中上泥盆统塔尔巴格特组的外接触带部位,围岩蚀变以矽卡岩化、角岩化、阳起石化为主,主要有用组分为铁、硫、锌。金属矿物以磁铁矿为主,次为闪锌矿、黄铁矿、赤铁矿、镜铁矿、褐铁矿、磁黄铁矿、白铁矿、黄铜矿等。

矿石结构主要有他形晶结构、半自形晶结构、自形晶结构、反应边结构、压碎结构、固溶体分解结构等。矿石构造有浸染状构造、条带状构造、斑杂状构造、斑点状构造、块状构造、角砾状构造等。

3. 拜仁达坝式岩浆热液型硫铁矿

该矿床分布在锡林浩特岩浆弧内。Ⅲ级成矿区(带)属林西-孙吴铅、锌、铜、钼、金成矿带(Ⅲ-50);Ⅳ级成矿亚带属索伦镇-黄岗铁(锡)、铜、锌成矿亚带(Ⅲ-8-①);Ⅴ级矿集区属拜仁达坝-哈拉白旗铜、铅、锌、硫矿集区(Ⅴ-1)。含矿岩体为海西期石英闪长岩,矿体呈脉状沿近东西向断裂构造分布,围岩蚀变为硅化、绿泥石化、绢云母化,主要有用组分为硫、锌、铅、铜。金属矿物为磁黄铁矿、黄铁矿、铁闪锌矿、黄铜矿、方铅矿、硫锑铅矿、黝铜矿等。

矿石结构主要有半自形结构、他形结构、骸晶结构、交代结构、固溶体分离结构、碎裂结构。矿石构造主要为条带状构造、网脉状构造、块状构造、浸染状构造,其次为斑杂状构造和角砾状构造。

四、海相火山岩型硫铁矿

1. 六一式海相火山岩型硫铁矿

该矿床分布在哈达图-上库力深断裂的东侧。含矿地层为上石炭统宝力高庙组绢云母石英片岩、火山碎屑岩。矿床赋存在片岩带中,片岩带主要由绢云石墨片岩、绢云母石英片岩、绢云母片岩、次生石英岩、片理化中酸性凝灰熔岩组成,普遍遭受强烈的绢云母化、叶蜡石化、硅化及绿泥石化、黄铁矿化等蚀变作用。有用组分为硫、锌、铅。金属矿物主要有黄铁矿、磁黄铁矿、闪锌矿、方铅矿等。

矿石结构为自形、半自形、他形粒状结构,交代溶蚀结构,碎裂结构,斑状变晶结构等。矿石构造主要为块状构造、浸染状构造、条带状构造、脉状构造、角砾团块状构造等。

2. 驼峰山式海相火山岩型硫铁矿

该矿床分布在锡林浩特岩浆弧内,含矿地层为下二叠统大石寨组流纹质凝灰岩、英安质凝灰岩、安山岩夹凝灰质砂岩,含矿层普遍具黄铁矿化。有用组分为硫、铜。金属矿物为黄铁矿、黄铜矿、黝铜矿、褐铁矿等。

矿石结构为自形—半自形粒状结构、他形粒状结构、压碎结构、交代结构。矿石构造主要有块状构造、浸染状构造、细脉浸染状构造、晶簇状构造。

第二节 预测类型及预测工作区划分

根据《重要矿产预测类型划分方案》(陈毓川,2010),内蒙古自治区硫铁矿共划分出4个矿产预测类型,5个预测方法类型,7个预测工作区。详见表2-1和图2-1。

表2-1 内蒙古自治区硫铁矿矿产预测类型划分一览表

序号	矿产预测类型	预测方法类型	预测区名称
1	东升庙式沉积变质型硫铁矿	沉积变质型	东升庙-甲生盘预测工作区
2	榆树湾式沉积型硫铁矿	沉积型	房塔沟-榆树湾预测工作区
3	别鲁乌图式岩浆热液型硫铁矿	侵入岩体型	别鲁乌图-白乃庙预测工作区
4	拜仁达坝式岩浆热液型伴生硫铁矿	侵入岩体型	拜仁达坝-哈拉白旗预测工作区
5	六一式海相火山岩型硫铁矿	火山岩型	六一-十五里堆预测工作区
6	驼峰山式海相火山岩型硫铁矿	火山岩型	驼峰山-孟恩陶力盖预测工作区
7	朝不楞式岩浆热液型伴生硫铁矿	复合内生型	朝不楞-霍林河预测工作区

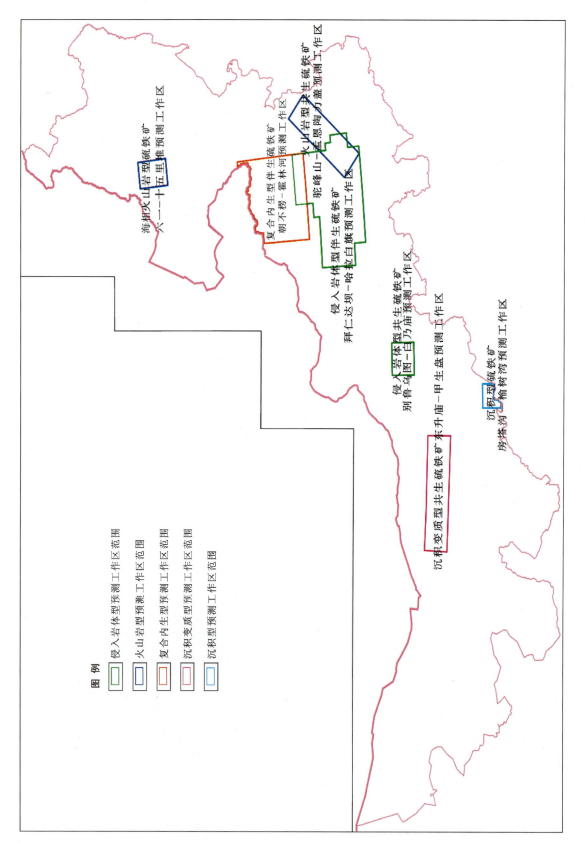

图 2-1 内蒙古自治区硫铁矿预测工作区分布图

第三章 硫铁矿成矿地质背景研究

第一节 硫铁矿成矿地质背景研究工作流程

任何一个矿种的成矿作用都是受特定的地层、构造和岩浆岩的控制。因此,成矿地质背景研究工作应当在对已有的成矿规律认识的基础上,筛选出与成矿有直接关系的地质因素,在这些相关的地质因素范围内,总结不同矿种的分布规律。成矿地质背景研究工作为预测不同矿产服务,是矿产预测的基础内容和重要途径。它的目的是分析矿床形成和分布的地质构造环境,研究成矿地质要素及其含矿岩石建造的形成和分布特征,实施地质类比预测,预测相似成矿地质背景下的同类矿产。成矿地质背景研究的总体技术思路是以大陆动力学理论为指导,以研究地球动力学环境的大地构造相分析为基本方法,以成矿地质构造要素为核心内容,以编制专题图件为主要技术途径。成矿地质背景研究工作流程如图 3-1 所示。

本项目为省(自治区)级单矿种预测,成矿地质背景研究重点放在成矿建造构造方面。

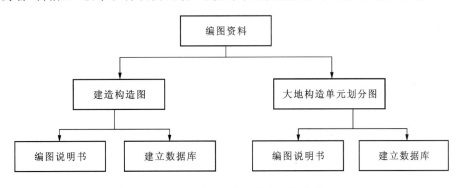

图 3-1 成矿地质背景研究工作流程

第二节 建造构造特征

一、预测工作区建造构造特征

(一)东升庙-甲生盘沉积变质型硫铁矿预测工作区

该预测工作区内出露的主要地层有古太古界兴和岩群,岩性组合由基性火山岩喷溢为主,逐渐向中酸性火山岩夹基性火山岩-陆源碎屑岩过渡,且不含碳酸盐岩,经历了地壳深部区域麻粒岩相变质作用及混合岩化作用。中太古界集宁岩群黄土窑岩组、花山岩组,乌拉山岩群哈达门沟岩组、桃儿湾岩组,为中太古代陆壳增厚阶段产物,发生了角闪岩相到麻粒岩相变质作用。新太古界色尔腾山岩群、二道洼岩群,为陆内裂解阶段形成的火山-沉积变质岩系,发生了低角闪-高绿片岩相变质。中新元古界白云鄂博群、渣尔泰山群等古陆基底之上的第一个稳定沉积盖层,为陆缘裂陷盆地或裂谷沉积环境沉积岩系,变质程度达绿片岩相。震旦系—下古生界有震旦系什那干群,寒武系老孤山组、张夏组、馒头组,奥陶系腮林忽洞组、马家沟组等克拉通盆地相稳定滨浅海相砂砾岩及碳酸盐岩建造。上古生界为内陆湖沼相沉积及陆相火山喷发-沉积岩系。中新生界为内陆河湖相大同群、石拐群、五当沟组、大青山组、李三沟组、固阳组、左云组,晚期局部有陆相基性—酸性火山喷发,有白垩系白女羊盘组和新近系中新统汉诺坝组玄武岩、上新统宝格达乌拉组坳陷盆地红层沉积。

本预测工作区内与东升庙式喷流沉积型铅锌矿有关的地层为渣尔泰山群阿古鲁沟组。其岩石组合特征是下部为暗色板岩、碳质粉砂质板岩夹片理化石英岩,上部为泥质结晶灰岩,底界以黑灰色绢云板岩与增隆昌组硅化灰岩平行不整合分界,上界含碳质板岩、深灰色结晶灰岩与刘鸿湾组石英岩平行不整合。

(二)房塔沟-榆树湾沉积型硫铁矿预测工作区

1. 构造古地理特征及沉积作用

房塔沟-榆树湾预测工作区位于华北陆块准噶尔早古生代碳酸盐岩台地北部边缘。本溪期的海岸线,即在本编图区域内。海岸线北为由集宁岩群($Ar_2J.$)老变质岩构成的剥蚀高地,由于古地形的影响,此处形成一个北高南低的指状海湾。

中奥陶世马家沟期灰岩沉积以后,华北陆块整体抬升,长期遭受风化剥蚀,在总体夷平的同时形成一些岩溶地貌,在潮湿气候条件下,红土化作用强烈。

晚石炭世本溪期,海平面上升,海水自南而北侵入本区,在碳酸盐岩台地上形成了面积较大的滨海平原,发育了广泛的湿地沼泽,在淡水或者微咸化的沼泽化的环境中,碳酸盐岩台地风化剥蚀面的喀斯特溶洞或低洼处 Fe_2O_3 沉积富集,形成了沉积型的铁矿。海侵继续发展,海水加深,由于在盆地边缘发育了灰岩台地,海流不畅,形成封闭的潟湖,遂有铁铝质页岩、铝土岩的沉积和富集,形成沉积型硫铁矿、铝土矿。本溪末期海平面下降,复又形成了大面积的沼泽,形成了碳质页岩和煤层。因此,本溪期的沉积形成了一个完整的旋回,大体上与华北陆块本溪期的沉积旋回是一致的,从上到下为:碳质页岩夹煤线、灰岩、铝土质岩(铝土矿)、铁铝质页岩(硫铁矿)、铁质岩(风化壳)。

2. 沉积建造和沉积相

本溪组从下至上划分的沉积岩建造和其相应的沉积相如下。

(1)铝土页岩建造:灰色、灰黄色、紫红色铝土页岩及灰白色高岭石页岩,下部是本区主要的含硫铁矿、山西式铁矿的赋存层位。主要岩性为紫红色铁质页岩、铁质泥岩、铁质砂岩,是海侵初期滨海沼泽环境中形成的沼泽相和潟湖相。

(2)碳酸盐岩建造:灰色、深灰色、灰黑色中厚层状灰岩,为灰泥丘亚相,含鲢 $Fusulina$, $Fusulinella$;珊瑚 $Bradyphyllum$;腕足 $Cancrinella$, $Choristites$。

(3)碳质页岩建造:灰黑色碳质页岩、含碳质粉砂岩,含 $Linoproductus$ 等化石,是潟湖相转化为沼泽相的沉积。

3. 含矿沉积盆地演化

(1)沉积盆地位于奥陶纪碳酸盐岩台地之上,自加里东运动末华北陆块区整体抬升,碳酸盐岩台地暴露地表遭受大约150Ma(O_3—C_1)的长期剥蚀、风化、红土化作用,部分地区形成喀斯特地貌。本溪期的海侵初期(本溪期开始 C_2b Ⅰ期),滨海近岸沼泽化,为硫铁矿、山西式铁矿形成阶段。

(2)海侵发展(C_2b Ⅱ期),形成三角洲前缘的地表海浅滩,沉积了铁、铝质岩建造。

(3) 海侵继续扩大(C_2b Ⅲ期),海水加深,在盆地边缘形成的碳酸盐岩台地起到了障壁作用,在滞流潟湖的还原环境中形成了硫铁矿和铝土矿等。

(4) 海面下降,重又形成浅滩沉积沼泽环境(C_2b Ⅳ期),沉积了砂岩、碳质页岩及粉砂岩建造,碳质页岩夹煤线。

(三) 别鲁乌图-白乃庙侵入岩体型硫铁矿预测工作区

该预测工作区内主要地层有:古元古界宝音图岩群灰色榴石二云石英片岩、石英岩夹透闪大理岩;上石炭统本巴图组活动陆缘类复理石、碳酸盐岩夹火山岩建造;早二叠世基性、中酸性火山岩及硅泥岩;下二叠统大石寨组陆缘弧火山岩、火山岩屑复理石建造;中二叠统哲斯组残留陆表海碎屑岩、碳酸盐岩夹火山岩建造;中生界白垩系及新生界第三系(古近系+新近系)、第四系。与别鲁乌图硫铁矿关系密切的地层主要为上石炭统本巴图组沉积建造。

(四) 六一-十五里堆海相火山岩型硫铁矿预测工作区

该预测工作区广泛分布石炭纪海相陆源碎屑岩和酸性—中酸性火山岩,含矿岩系为上石炭统宝力高庙组绢云母石英片岩、火山碎屑岩。

该套地层显示海相火山喷发-沉积特征。硫铁矿床属火山沉积经热液富集改造复合型,矿源层形成于沉积期,应属还原环境下的海底火山喷发-沉积建造。

(五) 朝不楞-霍林河岩浆热液型硫铁矿预测工作区

该预测工作区上大面积被新生界覆盖,古生代地层发育中上泥盆统塔尔巴格特组,周边所见地层除少量奥陶系、志留系外,还出露上侏罗统满克头鄂博组、玛尼吐组、白音高老组火山岩等地层。北东向长期多次活动的区域性断裂,控制了燕山期中性—酸性侵入岩的侵位及其展布方向。含矿岩系为中上泥盆统塔尔巴格特组,即与燕山期中性—酸性侵入岩接触带的外接触带中,矽卡岩带是铁多金属矿床形成的有利构造部位。

中上泥盆统塔尔巴格特组为与成矿有关的主要地层,为一套浅海相泥砂质岩,夹灰岩及火山碎屑岩,除受不同程度的区域变质作用外,更主要受不同程度的热接触变质作用和接触交代变质作用的影响。该地层分下岩段和上岩段,下岩段($D_{2-3}t^1$)主要由大理岩、砂质板岩、变质粉砂岩、变质砂岩、变质长英砂岩和变质砂砾岩等组成,与花岗岩体发生接触交代变质作用,形成矽卡岩型铁多金属矿床的直接围岩地层;上岩段($D_{2-3}t^2$)主要为变质长英质砂岩夹变质粉砂岩及灰黑色板岩等。

(六) 拜仁达坝-哈拉白旗岩浆热液型硫铁矿预测工作区

该预测工作区古生代为华北地层大区,内蒙古自治区草原地层区,锡林浩特-磐石地层分区,属华北板块。中新生代属滨太平洋地层区,大兴安岭-燕山地层分区,博克图-二连浩特地层小区。出露地层有:古元古界宝音图岩群;上志留统西别河组;上石炭统本巴图组、阿木山组、格根敖包组、宝力高庙组;下二叠统寿山沟组,下二叠统大石寨组,中二叠统哲斯组,上二叠统林西组。中生代地层广泛分布,有下侏罗统红旗组,中侏罗统新民组(万宝组)陆相碎屑岩,上侏罗统土城子组、满克头鄂博组、玛尼吐组、白音高老组;下白垩统梅勒图组(龙江组)、巴彦花组;新生界。

宝音图岩群(锡林郭勒杂岩)主要出露在拜仁达坝矿区一带,原称锡林郭勒杂岩,由老到新分3个岩段,即第一岩段为灰绿色黑云斜长片麻岩,第二岩段为灰绿色黑云斜长片麻岩夹灰黑色二云斜长片麻岩,第三岩段为浅灰黄色石英二云片岩夹细粒斜长角闪片麻岩、变粒岩及大理岩透镜体。该套变质岩系与拜仁达坝式热液型硫铁矿床关系密切。

上志留统西别河组为海相碎屑岩夹碳酸盐岩建造。石炭系—二叠系为海相火山岩、碎屑岩建造,本巴图组岩性主要为深灰色、灰绿色、黄绿色硬砂岩,长石砂岩夹含砾砂岩,砾岩及灰岩,下部为一套酸性火山岩。阿木山组与本巴图组呈连续沉积,为一套海相碎屑岩、碳酸盐岩沉积建造,下部为灰色生物碎屑灰岩夹含砾砂岩、硬砂岩,上部为厚层块状生物碎屑灰岩夹砂岩、砂砾岩等。寿山沟组、大石寨组、哲斯组为一套深灰色、黄绿色、暗灰色长石砂岩,粉砂岩,粉砂质板岩,粉砂质泥岩和安山岩、安山质玄武岩、流纹岩夹凝灰质砾岩,属海陆交互相碎屑岩与火山碎屑岩。林西组为深灰—灰黑色厚层状粉砂质碳质板岩、变质粉砂质泥岩夹粉砂质砾岩。

中生代陆相地层仅局部发育,红旗组、万宝组岩性为灰色、深灰色、黑色泥岩,含碳质泥岩,粉砂岩,砾岩夹煤层,为含煤陆相湖盆沉积;满克头鄂博组、玛尼吐组、白音高老组为灰色、灰绿色流纹岩、流纹质熔结凝灰岩-中性熔岩-酸性熔岩、火山碎屑岩。

(七)驼峰山-孟恩陶力盖海相火山岩型硫铁矿预测工作区

该预测工作区位于天山-兴安地槽褶皱系的南兴安西褶皱带中,大地构造演化经历了海西地槽演化褶皱期、印支地台晋宁期和燕山活化期3个阶段。海西期为海相火山类复理石建造,坳陷中心发育有细碧角斑岩建造,该建造主要分布在大板—林东—天山一带的下二叠统大石寨组中,海西晚期褶皱回返形成北东向的黄岗-甘珠尔庙背斜,燕山期岩浆岩活动形成了以北东向为主的岩浆隆起带及北东向的中酸性火山岩盆地。

该预测工作区含矿建造为下二叠统大石寨组(P_1ds),为流纹质凝灰岩建造、英安质凝灰岩建造和安山岩夹凝灰质砂岩建造,喷发旋回为大石寨旋回。

第三节 大地构造特征

一、大地构造单元划分

内蒙古自治区大地构造位置隶属天山-兴蒙造山系(Ⅰ)、华北陆块区(Ⅱ)、塔里木陆块区(Ⅲ)和秦祁昆造山系(Ⅳ),详见图3-2。

二、预测工作区大地构造特征

(一)东升庙-甲生盘预测工作区

该预测工作区大地构造位置属华北陆块区(Ⅱ)、狼山-阴山陆块(Ⅱ-4)、狼山-白云鄂博裂谷带(Ⅱ-4-3)。

区内断裂构造十分发育,且具有多期活动的特点。狼山南缘断裂尤为发育,以压扭性走向逆冲断层为主,倾向北西,倾角较缓,一般在40°～60°之间。北东东向断裂,多为平推断层,切割北东向断层。另一组较为发育的断层为北北西向横向张扭性断层,断距大,多分布于狼山西段。两组次级断裂往往组成

第三章 硫铁矿成矿地质背景研究

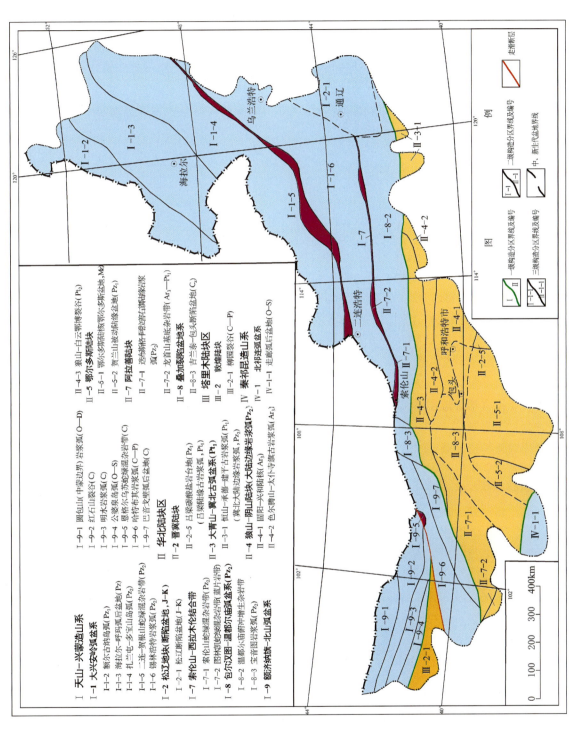

图 3-2 内蒙古自治区大地构造分区图

格状构造。山前以一深大断裂向河套沉积盆地接触过渡。

区内分布的褶皱构造主要为狼山复背斜,该复背斜主要由晚古生代侵入岩和太古宇乌拉山岩群、色尔腾山岩群及中新元古界渣尔泰山群变质岩组成。大面积的侵入岩构成狼山中脊,致使前寒武系和石炭系—二叠系、侏罗系等地层多呈狭长带状断续分布于狼山两侧山坡,出露残缺不全,难以辨别其褶皱构造形态。构造方向与山脉走向基本一致,主要呈北东-南西向展布。各时代地层多呈单斜状产出,仅于霍各乞、东升庙和盖砂图等地区呈现复向斜构造。从侵入岩体的长轴方向与狼山弧形构造方向基本一致来分析,其侵入通道应为与狼山复背斜褶曲相关的纵向褶断裂。

本区褶皱、断裂具有明显的继承性和叠加性,控制着狼山地区的展布方向和分布范围,也限定了沉积矿产和沉积变质矿产的找矿方向。

(二)房塔沟-榆树湾预测工作区

该预测工作区大地构造位置属华北陆块区(Ⅱ)、鄂尔多斯陆块(Ⅱ-5)、鄂尔多斯陆核(鄂尔多斯盆地,Mz)(Ⅱ-5-1)。

区内断裂构造并不发育,以北西-南东向为主,具有代表性的为公盖梁南部的正断层,长约8.4km,倾向南西,该断层切断含矿建造铝土页岩地层。另外,规模比较大的北西-南东正断层位于寺儿沟、后三黄水一带,长度分别为2.4km和4km,倾向均为南西,横切寒武系三山子组。其次为北东向正断层,位于清水河县西部,长度约为2km,倾向南东,其中一条正断层倾向北西,长约1km。

(三)别鲁乌图-白乃庙预测工作区

该预测工作区大地构造位置属天山-兴蒙造山系(Ⅰ),包尔汉图-温都尔庙弧盆系(Pz_2)(Ⅰ-8)、温都尔庙俯冲增生杂岩带(Ⅰ-8-2)。

预测区内地质构造复杂,在北柳图庙褶皱束四级构造单元的基础上,本区域尚可明显确立达拉土次级倒转背斜构造。

达拉土倒转背斜分布在区域地质图的南部谷那乌苏以南之达拉土一带,呈北东东向延长约3km,向西倾没。核部出露地层为白乃庙组第四岩段,两翼地层为第五岩段。地层倾向多为北北西向,倾角为50°左右。

区域内较大的断裂构造主要有两条:一是产于区域东部的80号断层,呈北东向,全长25km,在本区域地质图范围内长12.5km。断层为逆断层,构造面向南东倾,倾角不详,发育于海西晚期及燕山期花岗岩体中。二是产于区域西部谷那乌苏以南的40号断层,呈近东西向,长度5.5km,在东部表现为正断层,在西部性质不明,产于青白口系白乃庙组第五段第一岩性层内。余者为一些规模较小的断层,在区域内零星分布,按其产出的方向可分为近东西向、北东向和北西向3组,正断层、逆断层及平移断层均有产出。

区域内地层间存在较大的不整合,说明区内构造运动主要有加里东期、海西期、燕山期和喜马拉雅期4期。其中以海西期构造变动表现最为强烈,是本区的主要褶皱期。

加里东期和海西期运动在区域内的主要表现是:在区域南北向应力的挤压作用下,形成了一系列东西向的褶皱、逆断层、片理,及一些北东向、北西向的小平移断层。构造线的方向都为近东西向。

燕山运动在区域内的表现以断裂为主。构造线方向变为北东向,并形成了若干北东向的断陷,断陷之间的隆起区由古生代地层及岩体组成,断陷中堆积了新生代的沉积物。

喜马拉雅期运动在区域内主要表现为升降运动及与之伴随的断裂运动。构造线方向逐渐变为北北东向。纵观区域内的构造运动,一般都反映出继承性和长期性活动的特点。

(四)六一-十五里堆预测工作区

该预测工作区大地构造分属天山-兴蒙造山系(Ⅰ)、大兴安岭弧盆系(Ⅰ-1)、海拉尔-呼玛弧后盆地(Pz)(Ⅰ-1-3)。

预测工作区位于内蒙-大兴安岭海西中期褶皱系、大兴安岭海西中期褶皱带、三河镇复向斜内,属得尔布尔-黑山头中断陷和东南沟中坳陷交会部位。区内大面积出露的中生代火山岩,基本上是与北东向的构造有成生联系,各期的火山岩层倾角多在$10°\sim15°$之间,很少超过$25°$,而且显示单斜构造或与火山机构有关,这说明中生代地层没有褶皱作用,反映了陆台区构造的基本特点。断裂活动较强,以北东向断裂为主,其次为北西向和近南北向断裂。

(五)朝不楞-霍林河预测工作区

该预测工作区大地构造位置属天山-兴蒙造山系(Ⅰ)、大兴安岭弧盆系(Ⅰ-1)、扎兰屯-多宝山岛弧(Ⅰ-1-4)(Pz)。

传统大地构造观点认为属天山-内蒙地槽褶皱系,内蒙海西中期褶皱带,二连-东乌珠穆沁旗复背斜的东部北翼。褶皱构造比较发育,主要褶皱期有加里东中、晚期,海西早、晚期及燕山早期,其中以海西早期的构造最为发育;断裂构造也较发育,大致可分为北东向、北北东向和北西向3组。其中以北东向最为发育,多发生在加里东期和海西期,而北北东向和北西向多发生在燕山期。与岩浆岩有关的矿床、矿点及推断与矿有关的磁异常呈北东向带状分布,主要是受北东向区域构造控制。燕山早期第二次黑云母花岗岩($\gamma_5^{2(2)}$)侵入到中奥陶统汉乌拉组下岩段(O_2h^1)和中上泥盆统塔尔巴格特组下岩段($D_{2-3}t^1$)地层中,在成矿有利的外接触带内,形成矽卡岩型铁、锰多金属矿床,沿断裂破碎带的某些地段有时发生热液型磁铁矿化作用,矿带、矿体的分布与北东向断裂破碎带有关。

(六)拜仁达坝-哈拉白旗预测工作区

该预测工作区大地构造位置属天山-兴蒙造山系(Ⅰ)、大兴安岭弧盆系(Ⅰ-1)、锡林浩特岩浆弧(Ⅰ-1-6)(Pz_2)。

预测工作区内褶皱构造由米生庙复背斜及一系列的小背斜、向斜组成,褶皱轴向为北东向,由锡林郭勒杂岩组成复背斜轴部,石炭纪、二叠纪地层组成翼部。断裂构造以北东向压性断裂为主,其次为北西向张性断裂,而近东西向压扭性断裂不甚发育,但拜仁达坝矿床矿体受东西向压扭断层控制。中亚造山带包含了多期次的岩浆弧增生地体、不同时代多种属性的微陆块,以及多条代表古洋盆残骸的蛇绿混杂带,被共认为强增生、弱碰撞的大陆造山带或增生型造山带。该造山带经历了多期次的洋盆形成、俯冲-消减和闭合,最终形成于古生代末—三叠纪初的中朝板块与西伯利亚古板块之间的大陆碰撞阶段。因此,在中亚造山带广泛发育以锡林郭勒杂岩为代表的古生代变质杂岩,锡林郭勒杂岩的主要岩性为黑云母斜长片麻岩,变质相为角闪岩相,变质作用温度为$540\sim550℃$,压力为$0.5\sim0.6GPa$,原岩主要为晚古生代岛弧环境的钙碱性火山岩建造。区内主要侵入体为米生庙岩体,该岩体岩性与苏尼特左旗白音保力道岩体相似,白音保力道岩体的SHRIMP锆石U-Pb年龄为$309\pm8Ma$,两者同位素年龄相近。据此认为,矿区内石英闪长岩-闪长岩形成的构造背景可能与白音保力道岩体相同,均为石炭纪—二叠纪的岩浆弧。

拜仁达坝伴生硫铁矿在受到侵入岩提供热源的同时,与区内断裂构造也是密不可分的,断裂构造成为成矿的主要通道与有利场所。

(七)驼峰山-孟恩陶力盖预测工作区

该预测工作区大地构造位置属天山-兴蒙造山系（Ⅰ）、大兴安岭弧盆系（Ⅰ-1）、锡林浩特岩浆弧（Ⅰ-1-6）。

本区构造线总体呈北东向，主体为大区域上的天山复式背斜。由于经历多期次构造活动的影响，背斜轴部及两翼东西向、北东向、北西向断裂构造发育，大部分地区形成菱形断块或棋盘格式构造。

褶皱构造仅见于老房身—龙头山一带，称之为老房身-驼峰山-龙头山背斜。背斜轴呈 NE42°方向展布，轴部为中石炭世大理岩，两翼为下二叠统大石寨组中基性—中酸性火山岩。背斜两翼有黄铁矿体（化）出露，尤其是北翼更为集中。预测工作区即位于背斜中段北翼，断裂构造以北东—北东东向最为发育，东西向次之，北西向断裂规模较小。

北东—北东东向断裂以黄岗-甘珠尔庙断裂带最大，呈北东向纵贯全区。该断裂带发生于二叠纪，活跃于中生代，它不仅控制着早二叠世海槽的沉积相和中生代的断裂边界、花岗岩带的展布，同时控制硫多金属矿床的分布。

第四章　硫铁矿典型矿床特征

第一节　典型矿床特征

一、典型矿床研究技术流程

典型矿床研究技术流程见图 4-1。

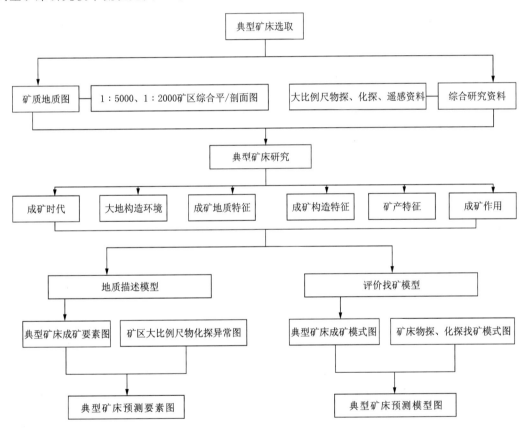

图 4-1　典型矿床研究技术流程图

二、典型矿床选取

结合内蒙古自治区硫铁矿勘查现状，选取东升庙硫铁矿、炭窑口硫铁矿、山片沟硫铁矿、榆树湾硫铁矿、别鲁乌图硫铁矿、六一硫铁矿、朝不楞伴生硫铁矿、拜仁达坝伴生硫铁矿、驼峰山硫铁矿 9 个硫铁矿床,作为相应预测类型的典型矿床。

上述 9 个典型矿床分别对应 7 个预测工作区,具体见表 4-1。

表 4-1 典型矿床矿产预测类型及所属预测工作区对比表

序号	典型矿床名称	矿产预测类型	所属预测工作区
1	东升庙硫铁矿、炭窑口硫铁矿、山片沟硫铁矿	沉积变质型	东升庙-甲生盘预测工作区
2	榆树湾硫铁矿	沉积型	房塔沟-榆树湾预测工作区
3	别鲁乌图硫铁矿	侵入岩体型	别鲁乌图-白乃庙预测工作区
4	六一硫铁矿	火山岩型	六一-十五里堆预测工作区
5	朝不楞伴生硫铁矿	复合内生型	朝不楞-霍林河预测工作区
6	拜仁达坝伴生硫铁矿	侵入岩体型	拜仁达坝-哈拉白旗预测工作区
7	驼峰山硫铁矿	火山岩型	驼峰山-孟恩陶力盖预测工作区

三、典型矿床特征

(一)东升庙硫铁矿

1. 矿区地质特征

地层:矿区内出露地层为中新元古界渣尔泰山群的刘鸿湾组和阿古鲁沟组。从上到下为:青白口系刘鸿湾组(Qbl),总厚 500m,不含矿,总体走向 NE50°~60°,倾向南东,倾角 40°~80°。分两个岩性段,上段中厚层纯石英岩夹薄板状石英岩;下段石英片岩、片状石英岩类,与下伏阿古鲁沟组整合接触。阿古鲁沟组(Jxa),分 3 段:上段为二云母石英片岩、碳质二云母石英片岩、碳质千枚状石英片岩,厚度大于 360m,不含矿;中段为碳质板岩、碳质千枚岩、碳质条带状石英岩、含碳石英岩、黑色石英岩及透闪石岩、透辉石岩及其相互过渡岩类(原岩为泥灰岩),厚度 100~150m,是铜、铅、硫矿床的赋存层位;下段上部为黑云母石英片岩类及红柱石二云母石英片岩及碳云母石英片岩夹角闪片岩,下部为碳质千枚岩、碳质千枚状片岩、碳质板岩夹钙质绿泥石片岩、绿泥石英片岩及结晶灰岩透镜体,总体厚度大于 320m,不含矿。岩石均经历了绿片岩相-低角闪岩相的区域变质作用。

岩浆岩:岩浆岩在矿区分布普遍,岩浆活动具有多期性、多相性及产状多样性,其中以元古宙和海西期岩浆活动最为强烈。

断裂构造:有成矿期断裂——深断裂,是控矿构造;成矿期后断裂——逆斜断层、横断层、裂隙构造,是坏矿构造。

褶皱构造:总体表现为继承了原始沉积的古地理格局,即背斜核部为古隆起部位,向斜核部为古凹陷位置。

裂隙构造:十分发育,与矿体有关的主要是层内裂隙构造及层间滑动裂隙构造。

断裂控制褶皱是矿区内一个显著的特点,后期构造继承和叠加,并对前期构造进行改造。

2. 矿床特征

东升庙矿床为特大型多金属硫铁矿床,矿体以似层状呈北东-南西向展布,西起 35 线,东至 64 线,走向长约 2500m,南北宽(沿倾向)约 1860m,分布面积约 4.65km²,原生矿体标高在 477.25~1120m 之间,矿体产于中新元古界渣尔泰山群阿古鲁沟组中,矿体产状受地层控制,总体走向北东-南西,倾向北西或南东,倾角12°~60°,主要矿体有9个。

矿石的化学成分:主要有用组分有硫、锌、铅、铜、铁,硫主要赋存于黄铁矿和磁黄铁矿中。锌主要赋存于闪锌矿中,氧化带有少量的菱锌矿,分布于矿区的锌硫型矿石及单锌矿石中,闪锌矿中锌平均含量57.19%。锌在磁黄铁矿、黄铁矿中平均含量分别为0.2748%和0.0916%。铅主要赋存在方铅矿中,含量在85.12%~86.46%之间,分布在矿区的锌硫型、单锌型及铜硫型矿石内。

矿物成分:金属矿物主要有黄铜矿、方铅矿、铁闪锌矿、磁黄铁矿、黄铁矿、磁铁矿。次要矿物有方黄铜矿、斑铜矿、毒砂和其他氧化物。主要矿物生成顺序为黄铁矿→磁黄铁矿→黄铜矿→铁闪锌矿→方铅矿。

主要矿石自然组合:黄铜矿型、黄铜矿-磁黄铁矿型、黄铜矿-方铅矿-铁闪锌矿-磁黄铁矿型、方铅矿-铁闪锌矿-磁黄铁矿-黄铁矿型、磁黄铁矿-磁铁矿型、磁铁矿-方铅矿-铁闪锌矿-磁黄铁矿型、磁铁矿型。

矿石构造:①条带状构造,金属矿物与脉石矿物呈宽窄、疏密不等的条纹—条带相间排列,界线清晰,条带宽一般2~3cm。此类构造系区域变质过程中,由成矿物质沿顺层片理和第一期轴面劈理充填交代而成。②细脉-网脉状构造,金属硫化物沿岩石的细小裂隙、脉石矿物颗粒间隙或解理分布。③斑杂-团块状构造,黄铜矿、方铅矿、铁闪锌矿、磁黄铁矿等呈斑杂状或团块状分布,为主要矿石构造类型。④浸染状构造,金属矿物呈稀疏浸染状到稠密浸染状,是含矿的变质热液顺着片理和第一期轴面理,再沿岩石粒间活动充填交代的结果。另外还有块状构造、花纹状构造、角砾状构造。

矿石结构:①变晶结构,其中有自形变晶结构、半自形变晶结构、他形变晶结构、共边界变晶结构;②交代结构,其中有交代残余结构、交代溶蚀结构、交代骸晶结构;③固溶体分离结构,其中有乳滴状结构,黄铜矿在磁黄铁矿中、磁黄铁矿或黄铁矿在铁闪锌矿中呈乳滴状分布;④文象结构,磁铁矿与透辉石组成文象状,方黄铜矿在黄铁矿中组成条纹、格状结构;⑤塑性变形结构,具有交代特征的假象黄铁矿沿磁黄铁矿解理分布,因受外力作用而发生塑性变形。假象黄铁矿系由磁黄铁矿转化而来,在弯曲解理中充填有黄铜矿。方铅矿3组解理造成的黑三角形空穴规则地排列成弯曲状,反映矿物解理受后期作用发生了弯曲。

上述典型的构造和结构都是在区域变质条件下改造和再造的结果。

3. 成矿时代及成因类型

该矿床成矿时代为中新元古代,矿床成因类型为喷流沉积型硫铁矿床。

(二)炭窑口硫铁矿

1. 矿区地质特征

地层:矿区硫铁矿体赋存于中新元古界渣尔泰山群阿古鲁沟组(Jxa)中,岩性主要为白云质灰岩、碳质板岩。

炭窑口矿床属于渣尔泰山群增隆昌组初期海侵阶段形成的矿床。在海进层序厚达近百米的范围内,经历了初期海侵铜硫矿成矿、菱铁矿成矿、硫锌矿成矿和晚期海侵铜硫矿成矿4个成矿阶段。

1)初期海侵钙质砂岩、石英质灰岩铜硫矿成矿阶段

该阶段以紫色云母石英片岩、黄铁矿化石英岩为基底,初期海侵钙质砂岩、石英质灰岩普遍含硫,局部含铜,形成下含硫层,矿化最大厚度20m。由频繁互层的含硫灰岩、含硫细砂岩、云母石英片岩及白云质硫灰岩组成。单层厚度从几厘米至30cm不等。因处于海侵初期,构造较不稳定,仍有陆源碎屑补给而使硫质淡化,并由于古海底地形不平整等因素,形成透镜状含硫体。

2)薄层含碳灰岩、白云质灰岩菱铁矿成矿阶段

该阶段在海侵碳酸盐岩相——薄层状含碳灰岩、泥质灰岩、中等厚度白云质灰岩互层带上部,向碳质板岩过渡部位,形成层位比较稳定的含菱铁矿白云质灰岩,厚度5~9m。贫菱铁矿多呈小扁豆体、小

透镜体断续分布于含碳灰岩和白云质灰岩中，由于铁物质来源不充分，没有构成工业矿体。

以上两个成矿阶段，从底部紫色岩层和上部含菱铁矿白云质灰岩等岩性特征，推测古气候应较干燥炎热。

3）碳质板岩、钙质板岩硫锌矿成矿阶段

该阶段在含菱铁矿白云质灰岩的基础上，沉积了较厚的高碳黏土质岩、碳质硅泥质岩，夹碳质灰岩、碳质白云质灰岩，顶部为钙泥质岩。古地理气候可能由干燥炎热转为温暖潮湿，海盆应有所回升，处于潟湖相沉积，振荡运动较频繁。首先有小规模黄铁矿体形成。在高碳质板岩与碳质板岩，碳质板岩与碳质灰岩（或钙板岩）接触过渡部位，形成中小型规模的贫锌矿层，于顶部钙质板岩与硅质灰岩（上铜硫矿层）过渡带中，形成规模较大的中富品位硫锌矿。

由于古海底沉降的差异性，在矿床中西段局部缺少碳质板岩，因而造成硫锌矿出现尖灭或仅有矿化层位。

4）晚期海进-海退过渡带上铜硫矿成矿阶段

该阶段碳质板岩局部赋存有贫硫透镜体，说明在锌矿成矿中晚期海水中的硫可能已有聚集，硫的聚集有利于在海进沉积层序顶部（矿床顶部）白云质硅质灰岩中形成中等规模的硫铜矿层。因之后迅速发生海退，从而导致了成矿幅度不够大。

炭窑口一号硫铜矿床上部为高碳质板岩—钙质板岩—白云质灰岩—重晶石灰岩沉积层序，根据在矿床顶部硫铜矿层中含有较多重晶石、铁白云石和菱铁矿等矿物组合特征，推测海进晚期铜硫矿成矿的古地理气候，应由温暖潮湿再次转为较干燥炎热。

总之，本区成矿规律具有层控明显——受类复理石沉积建造特定层位制约，形成硫多金属矿床或硫铁多金属矿床。既具有一般硫铁矿和菱铁矿等沉积矿床成矿模式的共性规律，又具有冒地槽型周期变异多级成矿的特殊性，构成我国北方地区较为典型的硫铁矿及硫多金属矿沉积变质成矿区。

本区地处狼山-白云鄂博裂谷带，构造线总体走向北东、北东东，狼山复背斜控制着区内硫铁矿和其他矿产的分布。炭窑口硫铁矿即赋存于狼山复背斜北翼，含矿地层形成走向北东、倾向北西、倾角 $50°\sim70°$ 的单斜构造。

狼山复背斜：有研究者认为该背斜应属复向斜，此观点有待探讨。该复背斜主要由晚古生代侵入岩和太古宇乌拉山岩群、色尔腾山岩群、中新元古界渣尔泰山群变质岩组成。大面积的侵入岩构成狼山中脊，致使前寒武系和石炭系—二叠系、侏罗系等地层多呈狭长带状断续分布于狼山两侧山坡，出露残缺不全，难以辨别其构造褶皱形态。构造方向与山脉走向基本一致，主要呈北东-南西向展布。各时代地层多呈单斜状产出，仅于霍各乞、东升庙和盖砂图等地区呈现复向斜构造。从侵入岩体的长轴方向与狼山弧形构造方向基本一致来分析，其侵入通道应为与狼山复背斜褶曲相关的纵向褶断裂。霍各乞大型铜矿床赋存于3个花岗岩体呈"品"字形排列的中部变质岩中，两个环形构造复合部位的围岩内，矿床（体）亦呈"品"字形作近环形排列，这种偶然的巧合包含着很大的必然性，表明区内至少存在远边缘热液成矿叠加富化作用。

区内断裂构造十分发育，狼山南缘断裂尤为发育，以压扭性走向逆冲断层为主，倾向北西，倾角较缓，一般在 $40°\sim60°$ 之间。北东东向断裂，多为平推断层，切割北东向断层。另一组较为发育的断层为北北西向横向张扭性断层，断距大，多分布于狼山西段。两组次级断裂往往组成格状构造。山前以一深大断裂向河套沉积盆地接触过渡。

本区褶皱、断裂具有明显的继承性和叠加性质，控制着狼山地区的展布方向和分布范围，也限定了沉积矿产和沉积变质矿产的找矿方向。已知在构造复合部位伴生的次级断裂，热液蚀变作用比较强，岩体和围岩蚀变明显，都有不同程度的矿化，往往形成工业矿体。如查干温都尔铅矿、额布图铜镍矿、阿尔其图含金铜矿、呼和萨拉含钴锰赤铁矿和阿贵庙汞矿等，都是与断裂有关的热液型矿产，均具有一定的成矿规模。

2. 矿床特征

矿区主要矿体为三号矿床,分东、西两段:东段长1700m,均厚55m,走向NE70°,倾向北西,倾角56°;西段长1700m,均厚34m,走向NE54°,倾向南东,倾角37°,总体形态层状、似层状。三号矿床东段分为5层:第一层为细粒白云质灰岩;第二层为碳质板岩、绿泥石片岩层;第三层为黄铁矿、重晶石灰岩;第四层为碳质板岩;第五层为互层带。西段也分为5层,与东段相似。硫含量在19.84%~31.74%之间,工业矿石平均品位27.10%。

矿石的化学成分:主要有用组分有硫、锌、铅、铜、铁。硫主要赋存于黄铁矿中。

矿物成分:金属矿物主要有黄铜矿、方铅矿、铁闪锌矿、磁黄铁矿、黄铁矿、磁铁矿。次要矿物有方黄铜矿、斑铜矿、毒砂和其他氧化物。主要矿物生成顺序为黄铁矿→磁黄铁矿→黄铜矿→铁闪锌矿→方铅矿。

主要矿石自然组合:黄铜矿型、黄铜矿-磁黄铁矿型、黄铜矿-方铅矿-铁闪锌矿-磁黄铁矿型、方铅矿-铁闪锌矿-磁黄铁矿-黄铁矿型、磁黄铁矿-磁铁矿型、磁铁矿-方铅矿-铁闪锌矿-磁黄铁矿型、磁铁矿型。

3. 成矿时代及成因类型

该矿床成矿时代为中新元古代,矿床成因类型为喷流沉积型硫铁矿床。

(三)山片沟硫铁矿

1. 矿区地质特征

渣尔泰山群为该区出露最广的地层,由一套区域变质程度较浅的变质含砾长石石英砂岩、石英岩、白云岩、白云质泥灰岩、板岩、千枚岩组成。局部受边缘混合岩化作用和构造变动的影响而成片岩,地层厚度较大。

含矿地层阿古鲁沟组由暗色板岩、碳质板岩、含碳泥砂质白云岩,含碳粉砂质、白云质泥灰岩组成,厚1443.10m,与增隆昌组整合接触,局部呈断层接触。按岩性特征分为3个岩段。

第一岩段(Jxa^1):千枚状含碳砂质板岩,分布在毕力克沟、董大沟南。厚度大于308.60m,岩性由千枚状含碳砂质板岩组成,含碳较高,并含少量绢云母,产状330°∠67°。其上与第二岩段的泥砂质白云岩呈整合接触,其下未见底。

第二岩段(Jxa^2):矿区的含矿地层,东与甲生盘矿区相接,西沿250°方向至矾场,长近9km,南北宽1~2km。据岩性特征自下而上分3个亚段。

一亚段(Jxa^{2-1}):上部为厚层状砂质白云岩,厚25.60m。灰色、块状构造,由白云石、方解石组成,含较多砂粒和泥质。岩石中含MgO 14.18%,CaO 23.35%,SiO_2 30.14%,固定碳1.72%。下部为含碳泥砂质白云岩夹泥砂质白云岩,厚233.40m。深灰色,微粒结构,薄层状构造,由方解石、白云石组成,泥砂质含量较高,并含绢云母、白云母等。岩石中含MgO 10.85%,CaO 17.90%,SiO_2 49.16%,固定碳1.01%。

二亚段(Jxa^{2-2}):上部为含碳泥砂质白云岩,下部为含碳泥砂质白云岩夹黄褐色含黄铁矿泥砂质白云岩,产状330°∠67°。本亚段厚304.30m。岩石中含MgO 11.02%,CaO 23.3%,SiO_2 35.59%,固定碳1.85%。

三亚段(Jxa^{2-3}):为碳质白云质泥灰岩、含碳砂质白云岩。泥灰岩为灰黑色,薄层状至层纹状构造,方解石、白云石含量达50%,含碳质5%~10%,泥砂质30%~40%。硫、锌矿体主要产在该层中,以平面展布特征及分布密集程度将矿体分为Ⅰ号矿层组、Ⅱ号矿层组及Ⅲ号矿层组。

据硫同位素测定资料,$\delta^{34}S$值平均为24.26‰,属海相蒸发岩重硫型,同位素年龄为16亿年。由化学全分析结果可知,泥灰岩中MgO 7.35%,CaO 13.19%,SiO_2 37%。砂质白云岩中含MgO 9.83%,CaO 12.42%,SiO_2 47.02%。

本亚段厚461.24m,岩层沿倾向较稳定,沿走向有明显相变,到甲生盘以含碳白云质泥灰岩为主,未见较大的泥砂质白云岩夹层,且厚度显著变薄,仅厚124.50m,由岩性特点可知,其沉积环境为封闭-半封闭的局限海潮坪环境。该亚段底部于102线见柱粒状毒砂及痕量金。

第三岩段(Jxa^3):碳质粉砂质板岩,以70°方向展布于矿区含矿层北部,东西长近9km,南北宽约0.5km,主要为碳质粉砂质板岩,局部夹碳质粉砂质白云质泥灰岩。板岩中夹数个含硫8‰~9‰的硫铁矿体,原编号为0号矿层组,现已取消。板岩为黑色、灰黑色,板状及千枚状构造,含结晶完好的黄铁矿,地表被风化而成褐铁矿或黄钾铁矾,底部于88线见石膏条带,董大沟东见石盐假晶。该段厚181.88m。

矿区位于渣尔泰山复背斜北翼,总体上为向北西倾的单斜,沿倾向有小褶皱存在。矿区断裂构造相当发育,因受南北向的挤压,故以近东西向的逆断层为主,其次为近南北向的平推断层。断裂构造对矿体有破坏作用。

2. 矿床特征

该矿体均呈单斜,与地层产状一致,倾向335°~340°,平均倾角70°。据矿体平面展布特点及层位对比,由北而南依次划分出Ⅰ号、Ⅱ号、Ⅲ号3个矿层组。其中Ⅰ号矿层组层位稳定,矿化较连续,品位较高,Ⅱ号、Ⅲ号矿层组虽较稳定,矿化较连续,但品位较低。

全矿区有硫铁矿体32个,平均硫品位19.59%。Ⅰ号矿层组有大小硫铁矿体8个,平均硫品位23.81%。Ⅱ号矿层组有大小硫铁矿体12个,平均硫品位15.75%。Ⅲ号矿层组有大小硫铁矿体12个,平均硫品位19.22%。

全矿区圈定硫锌复合矿体29个,平均品位:S 20.89%,Zn 1.60%。Ⅰ号矿层组圈定6个硫锌复合矿体,平均品位:S 28.64%,Zn 2.57%。Ⅱ号矿层组圈定16个硫锌复合矿体,平均品位:S 16.89%,Zn 1.58%。Ⅲ号矿层组圈定7个硫锌复合矿体,平均品位:S 18.27%,Zn 1.23%。

其中Ⅰ号矿体为主矿体,走向长4350m,被F_8断层错开,矿层赋存在含碳白云质泥灰岩顶部,其顶板是含碳砂质板岩,矿体在地表有一较稳定的褐铁矿铁帽,呈层状、似层状,产状较稳定,倾向平均337°,倾角78°,在深部变陡到80°左右,沿走向中间较厚大两端变窄。

矿石的化学成分:主要有用组分有硫、锌、铅、铜、铁。硫主要赋存于黄铁矿中。

矿物成分:金属矿物主要有黄铁矿、磁黄铁矿,次要有闪锌矿和方铅矿。

根据黄铁矿中矿物的共生组合及含量,可分为以下矿石类型。

黄铁矿石:为矿区各矿体主要矿石类型。主要结构为变胶状散粒状或聚粒结构,他形粒状散粒结构。主要构造为斑杂状构造、斑杂条带状构造和浸染状构造。

黄铁矿闪锌矿石:主要结构为他形粒状聚粒或散粒结构,半自形粒状聚粒或散粒结构,自形粒状聚粒结构等。构造为斑杂条带状构造、条纹状构造、浸染状构造。

闪锌矿石:矿区单锌矿体不多,为变胶状半自形晶聚粒结构。构造为星散浸染—稠密浸染条带状构造、条纹状构造。一般含锌1%左右,硫含量极不均匀,一般在2%~5%之间。

据矿石结构构造,矿石可分条带状、条纹状、稠密浸染状矿石类型。

3. 成矿时代及成因类型

矿床成矿时代为中新元古代,矿床成因类型为喷流沉积型硫铁矿床。

矿床为沉积后受轻微改造的层控多金属矿床,即金属硫化物与地层同生,后被变质作用轻微改造发生重结晶和侧分泌作用,形成目前的矿床。主要理由为:①矿床严格受地层层位控制,含矿层位稳定,均产于阿古鲁沟组含碳白云质泥灰岩中,产状与地层一致;②矿石矿物成分简单,主要为黄铁矿、磁黄铁矿、闪锌矿及少量方铅矿,矿石具有明显的沉积特征的结构构造,即矿物颗粒细;③硫铅同位素测定,硫同位素的变化范围为$\delta^{34}S$为12.1‰~31.5‰,均值为24‰~26‰,属海相硫酸盐的重硫型同位素特征,同位素年龄为16亿年,与赋矿岩层时代一致;④含矿岩层内具有碳质泥岩、白云岩、金属矿物和砂质薄层互层,形成条带—条纹状构造。同时含碳较多,可见有藻核形石,并有斜层理等岩相特征,反映了其局限海潮坪环境的沉积;⑤矿层受到变质热液的进一步改造,矿石中见有脉状、细脉状的硫化物顺层或斜交层理分布,是变质过程中侧分泌作用的产物。

(四)榆树湾硫铁矿

1. 矿区地质特征

矿区地质构造比较简单,保持着地台性质。区内出露地层主要有中奥陶统、上石炭统、二叠系及第四系。

中奥陶统马家沟组:呈条带状分布于矿区南部、东部黄河沿岸。主要岩性为深灰色、紫灰色厚层状石灰岩夹黄色薄层状石灰岩,顶部经长期风化剥蚀形成风化壳,出露厚度大于80m。

上石炭统本溪组:呈条带状分布于矿区南部、东部地区,不整合覆于马家沟组石灰岩之上,区内硫铁矿即赋存在该组地层底部。该组底部岩性为浅灰色铝土页岩,含有结核状黄铁矿晶簇及星散状黄铁矿,厚度2~6m;中部岩性为紫色黏土页岩,含有结核状菱铁矿,厚度1.30~2.50m;顶部岩性为紫灰色、灰色泥质灰岩,厚度1.50~2.48m。

上石炭统太原组:分布于矿区西部、南部及东部地区,与下伏本溪组为整合接触。主要岩性为浅灰色、黄褐色厚层砂岩,浅灰色砂质页岩夹灰色、深灰色页岩,含有煤层,出露厚度大于90m。

下二叠统山西组:在矿区内大面积分布,与下伏太原组为整合接触。下部岩性为灰白色粗砂岩;中部岩性为黑色页岩、砂质页岩夹黄褐色细砂岩;上部岩性为黑色页岩夹薄层煤线。厚度为25.52m。

下中二叠统石盒子组:呈条带状分布在矿区西南部,与下伏山西组为整合接触。岩性为紫色黏土页岩、砂质页岩,及浅黄色、紫灰色薄层砂岩,夹黑色页岩和薄煤线。

第四系更新统:在矿区内广泛分布,不整合于老地层之上。岩性主要为黄土堆积层,次为冲洪积砂砾石层,厚度40~60m。

第四系全系统:分布在矿区内的冲沟及坡地上,岩性为冲洪积砂砾石及风成沙丘,厚度0~10m。

矿区构造简单,表现为近水平构造,各地层倾角一般在5°~10°之间。未见明显的褶皱和断裂构造。矿区内未见岩浆岩出露。

2. 矿床特征

榆树湾矿区硫铁矿赋存于上石炭统本溪组底部的铝土页岩中,含矿层厚度为2~6m。含矿层底部随中奥陶世石灰岩风化壳呈波状起伏。矿体产状与含矿地层一致,走向北西,倾斜南西,倾角在5°~10°之间。矿体呈似层状、透镜状产出,厚度在0.65~2.15m之间,平均厚度1.37m,矿体平均品位38%。矿物成分简单,矿石矿物为黄铁矿、铝土矿,脉石矿物为石膏。

矿床工业类型为煤系沉积硫铁矿床。

3. 成矿时代及成因类型

该矿床成矿时代为石炭纪,矿床成因类型为沉积型硫铁矿床。

(五)别鲁乌图硫铁矿

1. 矿区地质特征

该矿床勘探报告中含矿地层为阿木山组(C_2a),后经评价工作的开展,对地层岩性重新对比清理,认定含矿地层为本巴图组(C_2bb)。

本巴图组（C_2bb）为一套变质细砂岩、变质粉砂岩及板岩等浅变质岩系，分布于矿区中部和南部，大面积出露。该组为本区的主要地层，总体呈北东向展布，倾向南东，倾角35°～77°，可见总厚度为4358m。依其岩性可划分为5个岩段，在本矿区范围内只出露下部4个岩性段：①变质细砂岩和变质粉砂岩段（C_2bb^1）分布于Ⅰ、Ⅱ矿段北部，主要由变质细砂岩、变质粉砂岩组成，夹少量粉砂质板岩，厚度1309m。②变质粉砂岩夹粉砂质板岩段（C_2bb^2）分布于Ⅰ、Ⅱ矿段，主要由变质粉砂岩、粉砂质板岩组成，夹黄褐色铁染变质粉砂岩薄层，厚度911m。地表有铁帽，深部有铜硫矿体。③变质细砂岩夹绢云母板岩段（C_2bb^3）主要分布于Ⅲ、Ⅳ矿段，主要由变质细砂岩、绢云母板岩组成，夹薄层状紫红色（铁染）变质砂岩和角岩化变质细砂岩，厚度1960m。该层局部地表有铁帽，深部有铜硫矿体产于其中。④变质细砂岩、假象堇青石板岩段（C_2bb^4）分布于矿区东南角，主要由变质细砂岩、假象堇青石板岩组成，夹少量粉砂质板岩，厚度1820m。假象堇青石粗大，多已被绿泥石、绢云母、白云母交代，呈假象产出。

上述4个岩性段均呈整合接触的渐变过渡关系。

矿区内岩浆活动较为强烈，中基性—酸性岩皆有分布，主要有海西中期的石英闪长玢岩、石英斜长斑岩等，次为海西晚期的石英闪长岩、闪长岩、花岗闪长岩等。岩浆岩的形成早于矿体的形成时间，往往被沿顺层构造带形成的矿体切穿。

矿区构造环境为温都尔庙-西拉木伦河深断裂带的北侧，多伦复背斜的南翼北柳图（别鲁乌图）褶皱束上。

矿区内褶皱构造不发育，除个别地层受构造岩浆活动有所扭动和层间小褶曲外，总体上由上石炭统本巴图组和下二叠统三面井组组成了两个走向北东、倾向相背的单斜构造层。下二叠统三面井组单斜构造层产状：走向65°左右，倾向北西，倾角42°～65°。上石炭统本巴图组单斜构造层产状：走向50°～125°，倾向南西—南东，倾角50°～75°。在上石炭统本巴图组单斜构造层之上有一走向北北西-南南东的舒缓倾伏背斜构造，轴部位于Ⅰ、Ⅱ矿段间，向南南东方向倾伏消失。

矿区内断裂构造较发育，但规模较小，以断裂构造展布的方向大体可分为北东向、北西向及近东西向3组，其中以北东向张性断裂为主，并为矿区的主要控矿构造，矿床或矿体的产状、形态均受其控制。而北西向的压扭性断裂次之，为矿区内导矿构造。3组断裂构造为同一应力场作用的产物，只是在不同方向上力学性质表现不同。早期形成的断裂构造多被脉岩充填。

矿床位于固定地层本巴图组，且为块状硫化物矿床，本次预测工作认为地层对矿体的找矿作用较大，因此采用沉积岩地层本巴图组作为预测的目标层，但对岩浆岩未进行重点突出分析。

2. 矿床特征

矿区基岩地层主要为上石炭统本巴图组、下二叠统三面井组，其遭受广泛的区域变质作用，形成了一套变质细砂岩、变质粉砂岩及板岩等浅变质岩系。区域变质作用后，又遭受了海西期、燕山期、喜马拉雅期构造运动，对岩石进行了改造；海西期、燕山期、喜马拉雅期岩浆活动在本区都较强烈，使地层支离破碎，呈孤岛状分布在岩浆岩中，同时对岩石进行渗透和交代。由于原岩经过多次构造岩浆活动的叠加改造，改变（造）了原岩结构构造和矿物成分。伴随着北东向构造活动，北东向的片理化非常发育，动力变质作用强烈，从而形成了一套面目皆非的变质或蚀变岩石组合。

矿体围岩蚀变以硅化为主，次为绿泥石化、碳酸盐化、滑石化等。在块状硫化物矿体两侧及细脉浸染状矿体内部，隐晶质的硅化发育，有的形成硅化岩，局部可见乳白色石英脉。

矿体主要产于上石炭统本巴图组二段二层（C_2bb^{2-2}）变质粉砂岩与板岩互层层位中（Ⅰ矿段、Ⅱ矿段7～39线矿体），次为本巴图组三段（C_2bb^3）变质砂质粉砂岩、铁染粉砂岩层位中（Ⅲ、Ⅳ矿段矿体），少数产于本巴图组二段一层（C_2bb^{2-1}）铁染变质细砂岩层位中（Ⅱ矿段1线、3线矿体）。

矿体多受地层层间破碎蚀变带控制，矿体产状多与围岩一致，少数与地层走向有一定夹角（如29～39线矿体）。主矿体多呈板状，小矿体多呈透镜状。含矿岩石主要为硅化的变质细砂岩、变质粉砂岩。

围岩蚀变以硅化为主(隐晶质的硅化发育,有的形成硅化岩,局部可见乳白色石英脉),次为绿泥石化、碳酸盐化、滑石化等。未见明显的蚀变分带,但从矿体及近矿围岩向外硅化由强变弱。

Ⅰ矿段内以铜矿体为主,其次为硫矿体;Ⅱ矿段内以硫铜矿体、铜矿体为主,其次为硫铅锌矿体、铅锌铜矿体、铅锌矿体等;Ⅲ矿段内以硫铜矿体及硫矿体为主,其次为铅锌矿体;Ⅳ矿段内以铅锌矿体为主,其次为铜矿体及硫铜矿体等。

矿石矿物主要为黄铁矿、磁黄铁矿、黄铜矿、闪锌矿、方铅矿。

铜:大部分呈单矿物出现,即占74.28%的铜赋存在黄铜矿中,有少部分呈分散状赋存于其他金属矿物中(方铅矿中占0.47%,闪锌矿中占1.25%,黄铁矿中占5.21%,磁黄铁矿中占18.79%)。

硫:大部分呈单矿物状出现,主要赋存于磁黄铁矿(占76.12%)、黄铁矿(占21.24%)中,有极少部分呈分散状赋存于其他金属矿物中(方铅矿中占0.03%,闪锌矿中占0.097%,黄铜矿中占1.37%,其他矿物中占1.143%)。

3. 成矿时代及成因类型

该矿床成矿时代为早二叠世,矿床成因类型为岩浆期后高中温热液充填交代型脉状矿床。主要依据如下。

(1)矿体多呈不规则板状、透镜状充填于上石炭统本巴图组层间或斜交构造破碎带及石英闪长玢岩、石英斜长斑岩、石英斑岩类岩石裂隙中。

(2)近矿围岩具有明显的热液蚀变现象,有硅化、滑石化、碳酸盐化、绢云母化、绿泥石化等,主要为硅化、绿泥石化、滑石化。围岩有时可见明显的褪色现象。

(3)矿石基本构造类型有3种:①致密块状矿石,为热液充填的产物;②浸染状或细脉浸染状矿石,为沿围岩裂隙或砂岩的胶结物热液交代的结果;③角砾状矿石,多出现在块状硫化物矿体的顶、底板,为含矿热液充填在构造破碎带的间隙所致。

(4)成矿物质来源,$\delta^{34}S$为0.2‰~1‰,接近陨石硫的成分。$\delta^{34}S$变化范围较窄,一般差值为0.2‰,最大差值为0.8‰,且都偏于正值一方,多数在0.8‰~1‰之间。本矿区硫同位素成分的显著特点为变化范围更窄,更接近陨石硫的标准(与基性岩的组成近似)。这说明该矿床是一热液成因的矿床,成矿物质来源于地幔。

(六)六一硫铁矿

1. 矿区地质特征

该矿区赋矿地层为上石炭统宝力高庙组(C_2bl),岩性为绢云石英片岩、流纹岩、流纹质角砾熔岩、安山质角砾熔岩、安山质凝灰熔岩,硫铁矿床赋存在片岩带中。

矿区构造的产生与发展严格受区域构造控制。其特点:矿区为一倾向130°,倾角50°~75°的单斜构造;断裂构造发育,多平行于区域断裂,并有后期脉岩贯入;在区域变质作用的基础上,受后期构造挤压而造成的片理化及轻微破碎的构造岩分布广泛,并多为矿体的直接顶板。

2. 矿床特征

硫铁矿床赋存在片岩带(含矿带)中,含矿带则赋存于酸性熔岩和凝灰质中酸性熔岩的过渡带中,与上下熔岩大致呈过渡关系。含矿带在地表出露长2330m,宽285m,走向北东,倾向SE130°,倾角66°~76°。

含矿带主要由绢云石英片岩、石英绢云母片岩、绢云母片岩、次生石英岩和片理化中酸性凝灰熔岩等组成,普遍遭受强烈的绢云母化、叶蜡石化、硅化、绿泥石化及黄铁矿化等蚀变作用。

矿区中Ⅴ号矿体为主矿体,走向长900m,储量占矿区的73.72%。矿体形状为扁豆状透镜体,沿走向及倾向矿体厚度呈规律性变化,致使矿体呈膨缩相间的扁豆状。矿体厚度变化较大,平均厚度为10.10m,品位变化中等,平均品位19.67%。地表氧化带长225m,平均氧化深度43m,控制最大垂深389m。矿体矿石类型为单一的黄铁矿型。

3. 成矿时代及成因类型

该矿床成矿时代为石炭纪,矿床成因类型为海相火山岩型。

(七)朝不楞伴生硫铁矿

1. 矿区地质特征

燕山期矽卡岩型铁多金属矿主要集中分布于内蒙古自治区东乌珠穆沁旗地区。传统大地构造属天山-内蒙地槽褶皱系,内蒙海西中期褶皱带;地质力学观点属北疆-兴蒙弧形构造带的东南翼;板块构造观点属西伯利亚南东缘晚古生代陆缘增生带。该类型矿床选取朝不楞中型矽卡岩铁多金属矿床为典型矿床进行研究。

朝不楞矽卡岩铁多金属矿床隶属内蒙古自治区锡林郭勒盟东乌珠穆沁旗满都呼宝力格镇管辖。地理坐标:东经118°30′—118°44′20″,北纬46°27′30″—46°36′30″。大地构造位置按板块构造观点属西伯利亚板块东南缘晚古生代陆缘增生带,它是在早古生代西伯利亚板块东南缘陆缘增生带基体上发展起来的。

矿区主要发育中上泥盆统塔尔巴格特组,周边所见地层除新生界外,还零星出露上侏罗统白音高老组酸性火山岩。矿区内发育一条北东向长期多次活动的区域性断裂,该断裂控制了侵入岩的侵位及其展布方向。在塔尔巴格特组与中性—酸性侵入岩接触带中形成了本矿区矽卡岩型的铁多金属矿床。断裂构造长期多次活动为矿液的上升运移创造了良好的通道。

塔尔巴格特组是与成矿有关的主要地层,为一套浅海相泥砂质岩石夹灰岩及火山碎屑岩,除受不同程度的区域变质作用外,更主要受不同程度的热接触变质作用和接触交代变质作用的影响。该地层分下岩段和上岩段,下岩段($D_{2-3}t^1$)主要由大理岩、砂质板岩、变质粉砂岩、变质砂岩、变质长英砂岩和变质砂砾岩等组成,与花岗岩体接触交代变质作用形成矽卡岩型铁多金属矿床的直接围岩地层。上岩段($D_{2-3}t^2$)仅出露于矿区东北端,主要为变质长英砂岩夹变质粉砂岩及灰黑色板岩等。

区内岩浆岩较发育,侵入岩和喷出岩均有出露,侵入岩主要为燕山早期的黑云母花岗岩、石英闪长岩、闪长岩及其派生脉岩等;喷出岩有中泥盆世的海相火山碎屑岩和晚侏罗世的陆相火山岩。

细粒—粗粒黑云母花岗岩类(朝不楞花岗岩体)规模最大,又是成矿母岩,出露面积90km²,岩体顶部凹凸不平,现代侵蚀面呈不规则的"E"字形,在"E"字形中间的中泥盆世老地层被侵蚀成残留顶盖,地层与花岗岩体外接触带内,赋存有接触交代(矽卡岩)型铁多金属矿床。石英闪长岩、闪长岩多零星分布在矿区东北部。

晚侏罗世火山岩,主要为流纹岩及少量次火山岩相的石英斑岩等。

矿区露头少,覆盖层厚,构造只能根据零星出露的地层进行推断,褶皱构造走向与区域构造线方向基本一致,可能存在3个倒转背斜和2个倒转向斜。长期多次活动的北东向断裂构造为本区主要的成矿控矿构造,北西向断裂构造为成矿后构造,对矿体的破坏较大。

2. 矿床特征

矽卡岩带对矿体的控制作用明显,矿区分为南矿带(一、二矿带)、北矿带(三、四矿带)两个矽卡岩矿化带和西矿带(磁异常区)。其中,一矿带规模最大,三矿带次之,二矿带最小。一矿带、三矿带的矿体均产于顺泥盆纪地层层理或层间裂隙的矽卡岩内,四矿带主要矿体分布于花岗岩与大理岩接触面矽卡岩中。西矿带矿体产于变质粉砂岩与大理岩接触层面,另一些小矿体沿构造裂隙充填。总体产状走向

NE50°左右,倾向南东,倾角陡立。

矿体呈扁豆体、条带状及豆荚状成群成带平行断续分布,在平面上呈雁行状排列,剖面上呈重叠扁豆状和不规则筒状。矿体规模一般长10~100m,个别达300~400m,厚数十厘米至17m。四矿带矿体长达千余米,但厚度仅2~4m。矿体产状走向50°~73°,倾向南东,倾角70°~80°。

矿石类型分工业类型和自然类型,工业类型为铁矿石、铁锌矿石、铁锌铋矿石、铁铜矿石、硫铁矿石;自然类型分磁铁贫矿石和富矿石两种。

矿物成分:金属矿物以磁铁矿为主,闪锌矿少量,次要矿物有赤铁矿、镜铁矿、褐铁矿、磁黄铁矿、黄铁矿、白铁矿、黄铜矿等;脉石矿物以钙铁榴石为主,透辉石次之,次要矿物还有黑云母、角闪石、石英等。

矿石结构:主要有他形晶结构、半自形晶结构、自形晶结构、反应边结构、压碎结构、固溶体分解结构等。

矿石构造:浸染状构造、条带状构造、斑杂状构造、斑点状构造、块状构造、角砾状构造等。

围岩蚀变:矽卡岩化、角岩化。

元素含量:铁(TFe)最高63.23%,最低20.06%,平均36.30%;锌(Zn)最高30.87%,最低0.502%,平均3.533%;硫(S)最高26.05%,最低8.355%,平均16.585%;伴生的还有金、银等多金属矿。

3. 成矿时代及成因类型

该矿床成矿时代为燕山晚期,矿床成因类型为接触交代矽卡岩型、层控矽卡岩型。

(八)拜仁达坝伴生硫铁矿

1. 矿区地质特征

拜仁达坝矿区位于赤峰市克什克腾旗、林西县与锡林郭勒盟西乌珠穆沁旗交会处的克什克腾旗巴彦高勒苏木境内。该矿床为岩浆热液矿床,由54个矿体组成,赋存于古元古界宝音图岩群片麻岩与海西期石英闪长岩岩株接触带附近,受构造控制。

矿区内岩浆岩分布较广,以海西期石英闪长岩为主,燕山早期第一次花岗岩零星出露,岩浆期后脉岩发育。其中海西期石英闪长岩是拜仁达坝矿区银多金属矿含矿母岩。矿物成分主要为石英、斜长石、角闪石,具片麻理构造,片麻理方向与区域构造线一致。该石英闪长岩体为拜仁达坝矿区银多金属矿主要赋矿围岩,侵入到宝音图岩群(锡林郭勒杂岩)及上石炭统本巴图组中,并在早二叠世砂砾岩内见其角砾。锆石U-Pb同位素年龄为316.7~315.2Ma。

1)海西期石英闪长岩

该岩体分布于矿区中部及南部,呈岩基侵入于古元古界宝音图岩群(锡林郭勒杂岩)黑云斜长片麻岩中。岩石为灰白色,半自形细粒结构,块状构造,矿物成分为斜长石(70%左右)、角闪石(20%左右)、石英(3%~5%)及黑云母(3%~5%)。

2)燕山早期花岗岩

该岩体呈小岩株出露于矿区北部,侵入于黑云斜长片麻岩中,岩石呈浅肉红色,花岗结构,块状构造。

2. 矿床特征

拜仁达坝矿区银多金属矿床为岩浆热液矿床,矿体赋存于近东西向压扭性断裂构造中,个别矿体充填于北西向张性断裂中。地表及浅部为氧化矿,氧化带深度为基岩下8~14m,深部矿及隐伏矿为硫化矿。矿床由54个矿体组成(地表露头矿体20个,隐伏盲矿体34个),其中工业矿体22个。这些矿体中1号为主矿体,其矿石资源(储量)占总资源(储量)的77.79%,2号、39号规模较大,其他矿体规模较小。矿区内各矿体规模大小不等,长数十米至2000余米,延深数十米至1000余米,厚度一般0.5m至十几米。

矿体呈脉状、似脉状,走向近东西,倾向北,倾角10°~50°,个别矿体走向北西,倾向北东,倾角一般

$26°\sim34°$。

矿石类型为氧化矿石和硫化矿石。

氧化矿中金属矿物主要为褐铁矿、铅华,其次为孔雀石、蓝铜矿,局部见残留的方铅矿、闪锌矿、黄铁矿、磁黄铁矿团块,非金属矿物为高岭石、石英、绢云母、长石、碳酸盐矿物等。

硫化矿中金属矿物主要为磁黄铁矿、黄铁矿,其次有毒砂、铁闪锌矿、黄铜矿、方铅矿、硫锑铅矿、黝铜矿,非金属矿物为白云石、绿泥石、石英、绢云母、萤石、白云母及少量重晶石。

矿石的矿物组合具有以磁黄铁矿、铁闪锌矿、方铅矿、硫锑铅矿、黄铜矿、毒砂、黄铁矿、辉银矿为主的金属矿物与以萤石、石英、钾长石、斜长石(绢云母化、高岭土化)、白云母、角闪石(黑云母化)、方解石、白云石为主的非金属矿物密切共生为特点。根据矿石的结构、构造及各种矿物相互间的共生、包裹、穿插交代关系确定,矿物生成分为两期:第一期为磁黄铁矿、黄铁矿→黄铜矿、闪锌矿、白云石、石英、绿泥石;第二期为磁黄铁矿→方铅矿→胶状黄铁矿、石英、长石、绢云母、方解石、白云石。

3. 成矿时代及成因类型

该矿床成矿时代为海西期。

矿区断裂极为发育,为成矿物质的迁移、充填、沉淀提供了良好的空间。矿体赋存空间即为断裂,以近东西向压扭性断裂为主,而成矿母岩海西期石英闪长岩、燕山期花岗岩分布于矿区周围。矿体具褐铁矿化、磁黄铁矿化、方铅矿化、闪锌矿化、黄铜矿化、高岭土化、硅化、萤石化、绢云母化、白云石化、方解石化及银矿化等,具浅源相中低温矿物组合特征,故该矿床为断裂构造控制的中低温热液矿床。

(九)驼峰山硫铁矿

1. 矿区地质特征

矿区与成矿有关的地层为大石寨组,分布于矿区的中部及西部,出露面积 $0.012km^2$,出露厚度大于 748m,是区内主要含矿层,根据地表及钻孔所见岩性特征,将其划分为 3 个岩性段(3 个沉积旋回)。

第一岩性段(P_1ds^1):本岩性段厚度大于 86.50m(未见底),ZK0801 见最大厚度为 86.50m,该岩性段中、下部为火山角砾凝灰岩。火山角砾凝灰岩呈青灰色,火山角砾结构,斑杂构造。石英角砾呈灰白色,棱角状,粒径在 $2\sim5mm$ 之间。钾长石角砾呈白色、淡黄色、棱角状,粒径 3mm 左右,受强烈蚀变已发生绢云母化。先期凝结的凝灰岩角砾呈棱角状,砾径 10mm 左右;角砾成分含量大于 50%,胶结物主要由隐晶质火山尘微晶组成,含量 15%。

该岩性段上部为晶屑凝灰岩,青色,块状构造,晶屑结构,胶结物具隐晶质结构,局部显粉砂结构,晶屑主要由石英和少量长石组成,含量 20%。其中石英呈溶蚀状、碎屑状、次棱角状,粒径为 $1\sim2mm$;长石受强烈蚀变已绢云母化。胶结物主要由火山尘物质与黏土矿物组成,含量 20% 左右。岩石具微弱的星散状黄铁矿化,仅局部见铜矿化。该岩段无明显层理,仅根据矿化层与岩层接触处量得倾角 $30°$(轴心夹角 $60°$)。

第二岩性段(P_1ds^2):本岩性段平均厚度 162m,岩性段底部为角砾凝灰岩,灰色,斑状结构,假流纹状构造。斑晶为无色石英,半透明,粒径 $0.2\sim4mm$,半自形浑圆状,港湾状,个别棱角状,含量 10%。钾长石显绿色,粒径 $0.3\sim4mm$,半自形板状,强烈黏土化及绢云母化,多已被其取代,含量 10%。基质由隐晶质长英质构成,含量 50%,岩石具黄铁矿化,黄铁矿粒径小于 0.2mm,半自形,含量在 $1\%\sim2\%$ 之间。

该岩性段中上部为矿化晶屑凝灰岩、凝灰岩,岩石普遍具黄铁矿化而局部富集成矿,局部具铜矿化。本段赋存 3 个工业矿体,即:②-2、②-5、②-6。岩层产状:倾向 $145°$,倾角 $15°\sim30°$。

第三岩性段(P_1ds^3):该岩性段出露面积 $0.012km^2$,平均厚度 121m,倾向 $145°$,倾角 $15°\sim37°$。岩性段底部为岩屑晶屑火山角砾岩、角砾凝灰岩,深灰色,块状、角砾状构造,胶结物具隐晶质结构,局部具硅化现象。角砾成分为次生石英,透明、略显粉红色,砾径大者可达25mm,在应力作用下发生碎裂,裂隙被次生碳酸盐充填,含量50%左右。晶屑主要由石英和金属矿物组成,含量30%~40%,岩屑以晶屑凝灰岩为主,含量10%~30%。胶结物主要由泥晶碳酸盐矿物组成,含量10%~30%。

该岩性段中部为晶屑凝灰岩、凝灰岩。晶屑凝灰岩呈青灰色,块状构造,斑状结构,基质具微晶-霏细结构。斑晶主要由石英、长石构成,含量10%~15%,晶屑成分与斑晶相同,含量5%左右。基质成分主要由碳酸盐矿物、绢云母、沸石、长石、方英石、玉髓、细粒石英、黄铁矿等组成,含量80%左右。凝灰岩呈暗灰绿色,块状构造,隐晶质结构。岩石主要由隐晶质火山尘微晶组成,未见石英斑晶和晶屑物质。岩石普遍具黄铁矿化,局部形成矿体,本段中部赋具3个工业矿体,即:③-2-1号、③-2-3号、③-2-5号矿体。

该岩性段上部岩性为次生石英岩、次生石英岩化凝灰熔岩,地表出露为次生石英岩,分布在驼峰山两个山头,断续出露长度520m,宽度7~80m,平均40m,具微弱层理,层理面倾向145°左右,倾角在20°左右。岩石表面多呈浅红色,为铁染所致,新鲜面以灰白色为主,且普遍具较多的孔洞,孔洞为黄铁矿风化流失所致,另一部分为其他易风化物遗失残存。岩石大部分碎裂,裂隙中充填网脉状石英细脉及碳酸盐岩脉,并见有重晶石化现象。重晶石呈团块状产出,含量5%。从探槽样品分析结果中发现普遍具金矿化异常,金品位在$(0.10\sim2.13)\times10^{-6}$之间,但未圈出工业矿体。

矿区构造与区域北东向构造一致,位于天山背斜北翼次级老房身-驼峰山-龙头山背斜北翼的一向斜构造部位。组成向斜的岩性为下二叠统大石寨组,走向55°,北翼相对宽缓,倾角在7°~35°之间,南翼陡窄,倾角在40°~50°之间。该向斜向北东方向逐渐抬升,向西南方向倾伏。初步判断下二叠统大石寨组为一张性裂谷内喷发产物。矿体集中赋存于向斜核部及北翼。

2. 矿床特征

驼峰山矿区多金属硫铁矿床以硫铁矿、铜矿为主要矿产,伴生有用组分为S、Cu、Au、Ag、Mo、Se,矿层主要赋存在下二叠统大石寨组第二、第三岩性段中。含矿地层岩性以晶屑凝灰岩、凝灰岩、角砾凝灰岩为主,以普遍具黄铁矿化为特征,所以矿体与围岩界线不明显。

大石寨组中所赋各矿体简述如下。

第一含矿层(第一岩性段P_1ds^1)

仅在00线ZK0002号钻孔见真厚1.73m铜矿体,沿勘查线南部无控制,Cu平均品位0.53%。

第二含矿层(第二岩性段P_1ds^2)

赋存有②-2号、②-5号、②-6号3个工业矿体。

②-2号矿体:为硫铁矿体,由ZK0801、ZK1201两个钻孔控制,厚度1.93~11.59m,平均厚度6.76m,TS平均品位15.85%,矿体倾向145°,倾角15°。

②-5号矿体:为铜矿体,由ZK1201钻孔控制,厚度9.63m,Cu平均品位0.75%。

②-6号矿体:为铜矿体,由ZK0003钻孔控制,厚度5.33m,Cu平均品位1.10%。

第三含矿层(第三岩性段P_1ds^3)

赋存有③-2-1号、③-2-3号、③-2-5号3个工业矿体。

③-2-1号矿体:为铜、硫复合矿体,由ZK0002钻孔控制,厚度3.75m,平均品位Cu 0.68%,TS 15.74%。

③-2-3号矿体:为硫铁矿体,控制长度500m,控制斜深260m,厚度3.89~13.79m,平均厚度8.84m,平均品位TS 15.75%。矿体倾向145°,倾角7°~20°之间。

③-2-5号矿体:为硫铁矿体,由ZK0002钻孔控制,厚度23.98m,平均品位TS 17.02%。

矿石矿物主要为黄铁矿和黄铜矿。

黄铁矿:矿石中含量最多、最普遍的矿物,含量一般在8%~17%之间,最高32%。矿体中的黄铁矿主要分为两期:一期为与热液脉同期形成的团块状黄铁矿;另一期为次生作用下形成的草莓状黄铁矿。这两期黄铁矿各自代表了不同的形成环境,前者与热液作用有关,后者与表生环境下的低温作用有关。

黝铜矿、斑铜矿交代草莓状黄铁矿,黝铜矿分布于草莓状黄铁矿颗粒之间,这些可以说明含铜热液的出现是在次生黄铁矿化形成之后再次经热液作用的产物。

早期黄铁矿中,可以见到环带构造以及碎粒重结晶结构、筛状变晶结构,均证明了黄铁矿形成过程的复杂性,团块状黄铁矿可能经历过破碎和热变质过程。另外,早期黄铁矿中可见褐铁矿化,说明了早期黄铁矿形成后,经历过表生作用的破坏。草莓状黄铁矿主要以乳滴状颗粒团为主,团块粒径多小于0.074mm,团块之间的空隙中充填黝铜矿,这也是造成矿石难选的主要因素。

黄铜矿:矿床中主要含铜矿物,铜矿体中铜含量在0.3%~1.67%之间,粒径0.1~1.5mm,呈不均匀分布,常与黄铁矿相伴,部分沿裂隙充填。Ⅰ级反射率(低于黄铁矿)显示为铜黄色,中硬度,均质性。在ZK0003号孔所见②-6号铜矿体,黄铜矿常与黄铁矿聚集成大小不等的不规则集合体,因接近氧化带而被铜蓝、褐铁矿沿边缘及裂隙交代。铜蓝呈显微片状、板状、纤维状交代黄铜矿或分布在黄铁矿裂隙中。Ⅲ~Ⅳ级反射率显示为深蓝—浅蓝色、白色多色性,低硬度,强非均质性,特殊的火红—红棕色偏光色。

3. 成矿时代及成因类型

矿物的结构、构造、生成顺序及世代关系,以及黄铁矿微量元素、稀土元素与硫同位素特征表明,驼峰山含多金属硫铁矿床的形成经历了两期主要成矿作用,即前期的海相火山沉积成矿作用及后期热液叠加成矿作用。

成矿机理为海相火山沉积作用形成的大石寨组沉积黄铁矿,为后期热液叠加作用奠定了基础。勘查区北部侏罗纪岩浆的活动,使区内围岩中成矿物质随热液活化转移,其大石寨组每个沉积旋回中结构疏松破碎的岩层,为成矿热液的流动与沉淀提供了良好的空间,使得大量矿质沉淀。后期热液作用形成的黄铁矿穿插并叠加于早期海相火山沉积黄铁矿层中,形成似层状—透镜状矿体。

综上所述,初步判定驼峰山含铜、金、黄铁矿床为海相火山沉积-热液叠加型矿床,矿床类型应属块状硫化物矿床。成矿时代为中二叠世。

四、典型矿床成矿要素

典型矿床成矿要素是对典型矿床在地质环境和矿床特征两方面主要特征的总结。地质环境包括构造背景、成矿环境、成矿时代;矿床特征包括矿体形态、岩石类型、岩石结构、矿物组合、结构构造、蚀变特征、控矿条件。根据典型矿床的储量和平均品位,将成矿要素划分为必要、重要和次要3个等级。各典型矿床成矿要素见表4-2~表4-10。

表4-2 东升庙硫铁矿成矿要素表

成矿要素		描述内容		要素分类
储量		21 308×10⁴t	平均品位 21.07%	
特征描述		海底喷流-沉积(层控)硫铁矿床		
地质环境	构造背景	属于华北陆块北缘的狼山-渣尔泰山中新元古代裂谷		重要
	成矿环境	渣尔泰山群第二岩组的(含粉砂)碳质泥岩-碳酸盐岩建造。条带状碳质石英岩富铜,白云质灰岩、硅质条带结晶灰岩富硫,岩质板岩富铅锌。该层位相当于区域上渣尔泰山群的增隆昌组上部和阿古鲁沟组		必要
	含矿岩系	渣尔泰山群增隆昌组石墨白云石大理岩及阿古鲁沟组含碳白云质泥灰岩		必要
	成矿时代	中新元古代		必要

续表 4-2

成矿要素		描述内容		要素分类
储量		21 308×10⁴ t	平均品位　　　21.07%	
特征描述		海底喷流-沉积（层控）硫铁矿床		
矿床特征	矿体形态	层状		重要
	岩石类型	（含粉砂）碳质泥岩-碳酸盐岩建造，其中普遍发育有喷气成因的燧石夹层或条带		重要
	岩石结构	变余泥质结构		次要
	矿物组合	矿石矿物：黄铁矿、磁黄铁矿、闪锌矿、方铅矿、黄铜矿、磁铁矿等； 脉石矿物：白云石、绢云母、黑云母、石英、长石、方解石、石墨、重晶石、电气石、磷灰石、透闪石等		重要
	结构构造	矿石结构：半自形—他形粒状、自形粒状结构为主，其次有包含结构、充填结构、溶蚀结构、斑状变晶结构、固溶体分离结构、反应边结构、压碎结构等； 矿石构造：条纹—条带状构造、块状构造、浸染状构造、细脉浸染状构造、角砾状构造、凝块状构造、鲕状—结核状构造、定向构造等		次要
	蚀变特征	与矿化关系密切的蚀变有黑云母化、绿泥石化和碳酸盐化，在含矿层及其上下盘围岩中均有发育，如电气石化、碱性长石化、绿泥石化、绿帘石化、黝帘石化、碳酸盐化、硅化等。其中最具特征的是下盘的电气石化，分布广泛，属层状蚀变，成分为镁电气石或镁电气石与铁电气石过渡种属，与海底喷气有关		必要
	控矿条件	华北地台北缘断陷海槽控制着硫多金属成矿带（南带）的分布范围和含矿特征，其中的二级断陷盆地控制着一个或几个矿田的分布范围和含矿特征，三级断陷盆地则控制着矿床的分布范围和含矿特征		必要

表 4-3　炭窑口硫铁矿成矿要素表

成矿要素		描述内容		要素分类
储量		6865.33×10⁴ t	平均品位　　　27.10%	
特征描述		沉积变质型多金属硫铁矿床		
地质环境	构造背景	华北陆块北缘的狼山-渣尔泰山中新元古代裂谷		重要
	成矿环境	属于渣尔泰山群增隆昌组初期海侵阶段形成的矿床。在海进层序厚达近百米的范围内，经历了初期海侵硫铜矿成矿、菱铁矿成矿、硫锌矿成矿和晚期海侵硫铜矿成矿 4 个成矿阶段		必要
	含矿岩系	渣尔泰山群阿古鲁沟组含碳白云质泥灰岩、碳质板岩		必要
	成矿时代	长城纪—青白口纪		必要

续表 4-3

成矿要素		描述内容		要素分类
储量		6865.33×10⁴ t	平均品位　　27.10%	
特征描述		沉积变质型多金属硫铁矿床		
矿床特征	矿体形态	层状、似层状		次要
	岩石类型	渣尔泰山群阿古鲁沟组含碳白云质灰岩、碳质板岩		重要
	岩石结构	变余泥质结构、微细粒变晶结构		次要
	矿物组合	矿石矿物：黄铁矿、磁黄铁矿、闪锌矿、黄铜矿、方铅矿等； 脉石矿物：白云石、绢云母、石英、电气石等		重要
	结构构造	矿石结构：自形—半自形粒状结构、碎裂结构； 矿石构造：条带状、浸染状、块状构造		次要
	蚀变特征	褐铁矿化、绢云母化		重要
	控矿条件	华北地台北缘断陷海槽控制着硫多金属成矿带（南带）的分布范围和含矿特征，其中的二级断陷盆地控制着一个或几个矿田的分布范围和含矿特征；三级断陷盆地则控制着矿床的分布范围和含矿特征		必要

表 4-4　山片沟硫铁矿成矿要素表

成矿要素		描述内容		要素分类
储量		12 564.58×10⁴ t	平均品位　　19.59%	
特征描述		沉积变质型层控（锌）硫铁矿床		
地质环境	构造背景	属华北地台内蒙地轴北缘白云鄂博边缘凹陷。天山阴山东西向巨型复杂构造带中段的狼山-渣尔泰山东西构造带与阿拉善反射弧东翼的复合部位		重要
	成矿环境	潮坪相沉积环境，泥岩、细碎屑岩沉积后受轻微改造的层控矿床		必要
	含矿岩系	渣尔泰山群阿古鲁沟组含碳白云质泥灰岩		必要
	成矿时代	长城纪—青白口纪		必要
矿床特征	矿体形态	似层状、透镜状		次要
	岩石类型	渣尔泰山群阿古鲁沟组含碳白云质灰岩、含碳砂质板岩、碳质板岩		重要
	岩石结构	变余泥质结构、微细粒变晶结构		次要
	矿物组合	矿石矿物：黄铁矿、磁黄铁矿、闪锌矿、方铅矿等； 脉石矿物：白云石、方解石、石英、透闪石、钾长石、电气石等		重要
	结构构造	矿石结构：他形粒状结构、变胶状结构、自形—半自形粒状结构、碎裂结构； 矿石构造：条带状、条纹状、浸染状、块状、斑杂状构造		次要
	蚀变特征	褐铁矿化		重要
	控矿条件	①渣尔泰山群阿古鲁沟组（Jxa）； ②北东向复背斜构造		必要

表 4-5　榆树湾硫铁矿成矿要素表

成矿要素		描述内容			要素分类
储量		89.1×10^4 t	平均品位	38%	
特征描述		沉积型硫铁矿床			
地质环境	构造背景	华北地台鄂尔多斯盆地向斜东缘,山西断隆西缘			重要
	成矿环境	三角洲平原相			重要
	含矿岩系	矿体赋存于上石炭统本溪组底部黏土页岩(铝土页岩)中,黏土页岩呈厚层状,层理构造,含有结核状、层状黄铁矿晶簇以及星散状斑点黄铁矿,与铝土矿共存			重要
	成矿时代	石炭纪			重要
矿床特征	矿体形态	结核状、层状、透镜状			次要
	岩石类型	铝土页岩、石灰岩			重要
	岩石结构	层状			次要
	矿物组合	矿石矿物:黄铁矿、黄铜矿; 脉石矿物:铝土矿、石膏			重要
	结构构造	矿石结构:结核状结构、层状结构; 矿石构造:层理构造、块状构造			次要
	控矿条件	矿体赋存于上石炭统本溪组底部黏土页岩(铝土页岩)中,硫铁矿与铝土页岩同时生成,矿区构造简单,主要为小的褶皱构造,对矿体控制作用不大			必要

表 4-6　别鲁乌图硫铁矿成矿要素表

成矿要素		描述内容			要素分类
储量		1371.43×10^4 t	平均品位	22.67%	
特征描述		岩浆期后热液充填交代型脉状硫多金属矿床			
地质环境	构造背景	位于敖汉复向斜的中间部位,揣格郎营子—宝山吐一线的似旋扭构造之反"S"形范围内			重要
	成矿环境	含矿热液来源于地幔,成矿温度由中高温阶段一直持续到低温阶段			必要
	含矿岩系	本巴图组中的变质砂岩、变质粉砂岩			必要
	成矿时代	二叠纪(海西晚期)			必要
矿床特征	矿体形态	脉状、透镜状、扁豆状			次要
	岩石类型	上石炭统本巴图组(C_2bb)变质粉砂岩、粉砂质板岩			重要
	岩石结构	变余砂状结构、变余泥质结构			次要
	矿物组合	矿石矿物:黄铁矿、磁黄铁矿、黄铜矿、方铅矿、闪锌矿、磁铁矿; 脉石矿物:黑云母、绿泥石、石英、方解石等			重要
	结构构造	矿石结构:自形-半自形粒状结构、他形粒状结构、包含变晶结构、交代溶蚀结构; 矿石构造:块状、细脉浸染状、浸染状、团块状、角砾状构造			次要
	蚀变特征	硅化、滑石化、碳酸盐化、绢云母化、绿泥石化			重要
	控矿条件	①北东向断裂构造; ②上石炭统本巴图组(C_2bb); ③二叠纪(海西晚期)花岗闪长岩侵入体			必要

表 4-7　六一硫铁矿成矿要素表

成矿要素		描述内容		要素分类
储量		606.34×10^4 t	平均品位　　　　19.08%	
特征描述		火山沉积-热液型硫铁矿床		
地质环境	构造背景	处于草帽山复背斜的东南翼和哈达图-上库力深断裂的东侧,因此矿区构造形迹和构造骨架的产生与形成严格受其控制		重要
	成矿环境	中—晚泥盆世的裂隙式火山喷发富碱质酸性熔浆喷溢的第Ⅱ、Ⅲ两个阶段的连续间歇期内		必要
	含矿岩系	安山质-英安质凝灰岩,后经变质作用而形成绢云石英片岩		必要
	成矿时代	石炭纪		必要
矿床特征	矿体形态	透镜状、似层状		次要
	岩石类型	宝力高庙组绢云母石英片岩段		重要
	岩石结构	斑状变晶结构,基质为粒状变晶结构		次要
	矿物组合	矿石矿物:黄铁矿、磁黄铁矿、闪锌矿、方铅矿等; 脉石矿物:白云石、方解石、石英、透闪石、钾长石、电气石等		重要
	结构构造	矿石结构:自形粒状结构、半自形粒状结构、他形粒状结构、交代溶蚀结构、碎裂结构、斑状变晶结构; 矿石构造:块状、浸染状、条带状、脉状、角砾团块状构造		次要
	蚀变特征	绢云母化、硅化、黄铁矿化、绿泥石化、绿帘石化		重要
	控矿条件	①矿体赋存于宝力高庙组中,岩性为绢云母石英片岩、流纹岩、流纹质角砾熔岩、安山质角砾熔岩、安山质凝灰熔岩; ②矿体严格受北东向的区域构造的控制		必要

表 4-8　朝不楞矿区伴生硫铁矿成矿要素表

成矿要素		描述内容		要素分类
储量		64.80×10^4 t	平均品位　　　　16.58%	
特征描述		岩浆热液型伴生硫铁矿床		
地质环境	构造背景	北疆-兴蒙弧形构造东南翼,内蒙-大兴安岭优地槽褶皱系,二连-东乌珠穆沁旗地槽褶皱带		重要
	成矿环境	燕山早期黑云母花岗岩体与中上泥盆统塔尔巴格特组下岩段老地层的外接触带		必要
	含矿岩系	矿区出露地层为古生界中上泥盆统塔尔巴格特组石英绢云母片岩、砂质板岩、大理岩、变质粉砂岩。硫铁矿即赋存于大理岩和变质粉砂岩接触层面及其附近		必要
	成矿时代	燕山期		必要

续表 4-8

成矿要素		描述内容			要素分类
储量		64.80×10^4 t	平均品位	16.58%	
特征描述		岩浆热液型伴生硫铁矿床			
矿床特征	矿体形态	矿体呈扁豆状、条带状形式产出			次要
	岩石类型	塔尔巴格特组石英绢云母片岩、砂质板岩、大理岩、变质粉砂岩；燕山早期黑云母花岗岩、石英闪长岩、闪长岩及其派生脉岩			重要
	岩石结构	沉积岩为碎屑结构和变晶结构，侵入岩为细粒结构			次要
	矿物组合	矿石矿物：黄铁矿、磁黄铁矿、黄铜矿、方铅矿、闪锌矿、磁铁矿； 脉石矿物：黑云母、绿泥石、石英、方解石等			重要
	结构构造	矿石结构：半自形粒状结构、他形晶粒状结构、自形晶结构、反应边结构、压碎结构、固溶体分解结构； 矿石构造：块状构造、条带状构造、浸染状构造、斑杂状构造、角砾状构造、斑点状构造			重要
	蚀变特征	矽卡岩化、阳起石化			次要
	控矿条件	①古生界中上泥盆统塔尔巴格特组； ②北东向断裂构造； ③燕山期黑云母花岗岩、石英闪长岩、闪长岩岩体			必要

表 4-9 拜仁达坝伴生硫铁矿成矿要素表

成矿要素		描述内容			要素分类
储量		154.50×10^4 t	平均品位	16.58%	
特征描述		中低温热液型伴生硫铁矿床			
地质环境	构造背景	其大地构造隶属于天山-兴蒙褶皱系，锡林浩特中间地块中部。三级构造单元为锡林浩特复背斜东段，即米生庙复背斜靠近轴部的南东翼			重要
	成矿环境	内蒙古自治区拜仁达坝银多金属矿床是一受构造控制的、与海西期石英闪长岩有关的中低温热液矿床。成矿流体早期为中高温、低盐度、富CH_4流体，晚期为中低温、低盐度、富水流体，成矿主要在中低温范围内。主成矿期氧逸度较低，但早期可能存在高氧逸度流体。成矿带和矿体的赋存明显受构造控制，北东向区域构造控制海西期石英闪长岩的分布，同时控制矿带的展布，而北北西向和近东西向的张性构造是矿区内的主要控矿构造			必要
	含矿岩体	石英闪长岩岩体			必要
	成矿时代	海西期			必要
矿床特征	矿体形态	脉状			次要
	岩石类型	海西期石英闪长岩			重要
	岩石结构	花岗结构			重要
	矿物组合	磁黄铁矿、方铅矿、铁闪锌矿、毒砂、黄铁矿、银黝铜矿、黄铜矿等，其次还有闪锌矿、辉银矿、自然银、黝锡矿、硫锑铅矿、胶状黄铁矿、铅矾、褐铁矿、孔雀石等矿物			重要
	结构构造	矿石结构：半自形粒状结构、他形粒状结构、骸晶结构、交代结构、固溶体分离结构、碎裂结构； 矿石构造：条带状构造、网脉状构造、块状构造、浸染状构造，其次为斑杂状构造和角砾状构造			次要
	蚀变特征	硅化、白云母化、绢云母化、绿泥石化、碳酸盐化、高岭土化，其次还可见绿帘石化及叶蜡石化等。其中与银、铅、锌矿化关系密切的是硅化、绿泥石化、绢云母化			次要
	控矿条件	黑云斜长片麻岩、二云斜长片麻岩、角闪斜长片麻岩及变质深成侵入体斜长角闪岩、片麻状石英闪长岩。近东西向压扭性断裂是矿区主要控矿构造，北西向张性断裂是次要控矿构造			必要

表 4-10 驼峰山硫铁矿成矿要素表

成矿要素		描述内容			要素分类
储量		277.00×10^4 t	平均品位	16.23%	
特征描述		海相火山岩型硫铁矿床			
地质环境	构造背景	晚古生代有限洋盆构造环境内			重要
	成矿环境	浅海相			必要
	含矿岩系	矿体赋存于下二叠统大石寨组中,主要含矿岩性为晶屑凝灰熔岩、晶屑凝灰岩、凝灰岩			必要
	成矿时代	二叠纪			必要
矿床特征	矿体形态	层状—透镜状			次要
	岩石类型	晶屑火山角砾岩、晶屑凝灰岩、凝灰岩			重要
	岩石结构	火山角砾结构、晶屑结构、斑状结构			重要
	矿物组合	矿石矿物:黄铁矿、黄铜矿; 脉石矿物:石英、长石、绢云母			重要
	结构构造	矿石结构:自形—半自形粒状结构、他形粒状结构、压碎结构、交代结构; 矿石构造:块状、浸染状、细脉浸染状、晶簇状构造			次要
	控矿条件	矿体赋存于下二叠统大石寨组中,主要含矿岩性为晶屑凝灰熔岩、晶屑凝灰岩、凝灰岩			必要

五、典型矿床成矿模式

(一)东升庙硫铁矿

矿床产于裂陷槽边缘活动带,在沉积的最初阶段,通过黏土吸附、络合物形式,把成矿物质运移到浅海—滨海湾,由于同生期的沉积分异作用和掺和作用,使碎屑、黏土、泥质、矿质堆积下来,集中于阿古鲁沟组内,形成矿源层。中期,局部伴有富钠质火山活动,为东升庙矿床的形成提供了物质基础。成岩阶段,区域地层总体上升。由于有机质作用和氧逸度的降低,使介质处在还原条件下,引起物质的重新分配组合,形成新的成岩矿物。对成矿有重要意义的是脱水作用和有机质的分解作用,前者造成含矿溶液的运移,后者导致矿质的沉淀。充填于沉积物中的间隙水,通过络合媒介(可能是有机质螯合物或氯)携带金属离子,并沿着孔隙性和渗透性较好的硅质、钙质岩石渗流。由于厚层泥质黏土岩层的屏蔽,出现较为缓慢的侧向流动,而使金属离子在还原作用下开始沉淀,形成硫化物。这是一个比较漫长的过程。长期成岩作用可促使矿源层中的分散金属元素在一定的地段集中。成岩后生阶段,有一定的深度、温度、压力,金属元素通过热卤水迁移,集中到固定的地球化学障壁中。矿区钻孔中发现有 12m 厚的重晶石化大理岩,表明热卤水的存在。

在区域变质作用中,岩石主要组分生成热(ΔH)值越高,化合物越稳定。实验资料表明,硫化物的生成热远远低于氧化物和硅酸盐的生成热,前者一般不超过 50 000kcal/mol,而后者一般在 100 000kcal/mol 以上。说明亲铜元素和亲石元素的活动不是同步的。在绿片岩相和绿帘石-角闪岩相的变质条件下,亲石元素大部分保持稳定,碎屑岩变为石英岩,泥质黏土岩变为千枚岩、云母石英片岩,石灰岩变为大理岩、透辉透闪石岩;亲铜元素则为活动组分,溶解到间隙水和结晶水中,形成相应温度的含矿变质热液,在新的地质构造、物理化学条件下再形成矿床,并对围岩产生微弱蚀变。据残留的菱铁矿和石灰岩的氧化还原系数(0.78)及变质程度推断,磁铁矿有可能是区域变质热液分解、交代菱铁矿而成。构造运动与成矿作用同时贯穿于沉积、成岩、成岩后生和变质作用的始终。在沉积、成岩阶段，构造运动主要表现为垂直运动，成岩后生阶段表现为水平挤压运动。在区域变质中期，形成同斜背斜，溶解在变质溶液中的金属元素处于活化状态，可储存于背斜的某一部位。当倾向褶曲形成，含矿的变质溶液又迁移到两期褶曲相结合的部位，构造运动逐渐稳定，温度慢慢下降，到达矿物结晶温度时，在适当的物理化学、岩性条件下金属矿物沉淀下来。成矿模式见图 4-2。

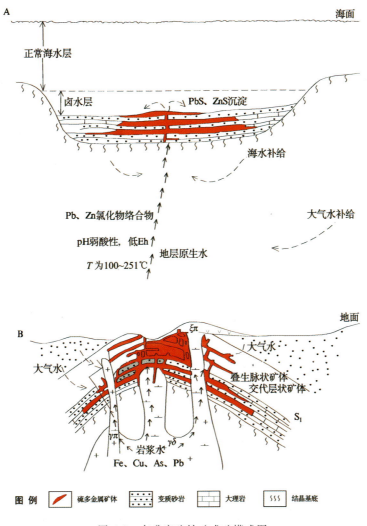

图 4-2　东升庙硫铁矿成矿模式图

（二）炭窑口（山片沟）硫铁矿

矿床形成时期为中元古代（中元古代是全球最主要的 SEDEX 型矿床成矿期之一，这个时间段全球氧含量低，富 H_2S 的海水发育），炭窑口矿区为克拉通边缘的局限海相盆地，底层海水含有大量的有机质（即现在石墨的前身）和 H_2S。南矿段南部北东走向的同生断裂开始发育，断面倾向北西，上盘不断下降，同时富含铁、锌、铅和铜的成矿热液（这些金属在热液中主要以氯甚至氟的络合物形式存在）沿断裂喷出，成矿金属的氯络合物和底层海水中的还原态硫（以 H_2S 为代表）相遇产生化学反应，形成富含黄铁矿、磁黄铁矿、白铁矿、闪锌矿、方铅矿、黄铜矿的饱和溶液而沉淀结晶，这个过程结晶速度较快，这也是本区金属矿物结晶粒度小的原因。上述矿物在海水底部形成类似微型"沙尘暴"，慢慢沉淀在海底，主要是上盘。离喷气口越远形成的矿体中铜含量越高，甚至单独形成铜矿体，原因是黄铜矿较其他金属硫化物达到溶度积要慢得多。这样便形成本区的矿体的主体(即冠部矿体)。同时在喷口通道部分甚至更下部分,形成脉状矿体,如最底部的 1 号矿体的部分就是根部矿体的顶部。这些热液很可能与远端火山活动有成因关系。这也解释了本区地层中偶有变沉凝灰岩存在,并且矿石、围岩和变沉凝灰岩的稀土配分模式基本一致,这也支持了其为 SEDEX 型矿床的观点。

本区喷流-沉积成矿持续时间长(从第一成矿阶段至第四成矿阶段),上述成矿过程发生多次,从而形成多层矿体。SEDEX 末期或者成矿盆地边缘,指北部边缘,H_2S 活度低以及热液提供的成矿金属越来越少,难以形成成矿金属的硫化物,而形成少量菱铁矿体。在成矿成岩之后,后期(可能是变质期)热液活动(远比 SEDEX 期弱得多)形成部分脉状矿石。矿体及其顶底板样品显著富集锰,这是 SEDEX 型矿床由于喷流沉积作用而形成的一大典型特点。另外,矿石及其围岩的铅同位素组成及模式年龄一致;矿石、顶底板以及含矿地层、含矿岩石的稀土元素分布模式相似;这些特征也支持上述成矿模型。成矿模式图见图 4-3。

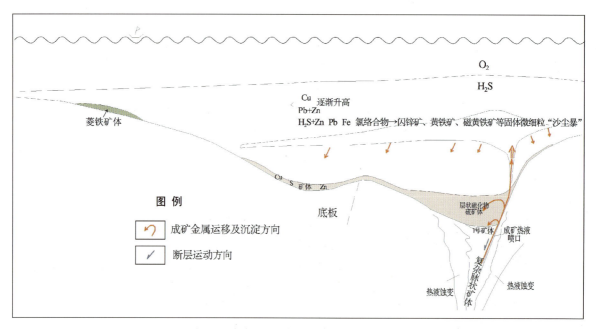

图 4-3　炭窑口(山片沟)硫铁矿成矿模式图

(三)榆树湾硫铁矿

该硫铁矿生成为生物化学沉积,根据中石炭世沉积物富含大量植物和部分动物,推断有机体与矿床的生成有着密切关系。因有机质菌解作用而分解融化于水中硫酸盐类,使之发生硫化氢作用,此气体与金属化合物溶液相互作用生成金属硫化物(FeS_2)。

金属硫酸盐溶液在还原作用下形成结核状及星散状金属硫化物。H_2S 是在氧化不充足或没有氧化的条件下,由于有机质分解产生,因而沉积岩中 H_2S 的生成是与细菌活动分不开的。当有大量 H_2S 存在时,在海相沉积物中引起沉积物元素重新分配再结合,由于再结合作用,而有矿生成。同时,在勘探过程中,发现硫铁矿有生物遗骸,亦证明了硫铁矿为生物化学沉积,成矿模式图见图 4-4。

(四)别鲁乌图硫铁矿

该矿床属于岩浆成矿系列组合中的与海相火山-侵入活动有关的浅变质成矿系列,为与海底火山作用有关的硫铁矿型铜矿床和与中酸性浅成侵入岩有关的斑岩型铜钼矿床。矿床北矿带属于斑岩型铜钼矿床,南矿带属火山岩型铜矿床。成矿物质来源多,以斑岩为主,为构造斑岩控矿的斑岩型铜钼矿体,海

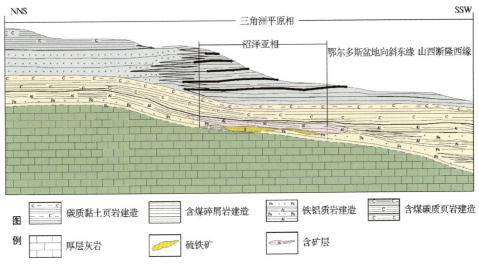

图 4-4 榆树湾硫铁矿成矿模式图

相火山沉积(变质)热液叠加(富集)复成因矿床。成矿模式见图 4-5。

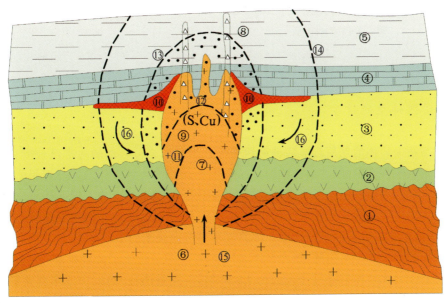

图 4-5 别鲁乌图硫铁矿成矿模式图

①基地岩石;②火山岩;③泥砂质岩;④碳酸盐岩;⑤泥质岩;⑥深成岩基;⑦浅成斑体岩;
⑧爆破角砾岩筒;⑨带黑点的范围表示斑岩型铜矿化;⑩硫化物型矿化;⑪钾化带底界;⑫绢英岩化带底界;
⑬青磐岩化带底界;⑭青磐岩化带顶界;⑮上升岩浆流体;⑯循环天水

(五)六一硫铁矿

该矿床形成于强烈的酸性火山喷发之后,成矿流体由海水、原生水和岩浆水三者组成。矿质源于火山沉积层。在深部岩浆房和浅部火山机构热能的驱动下,上述流体形成对流循环,并且从火山碎屑沉积层中溶解了成矿物质构成成矿热液。当成矿流体沿生长性断裂及火山机构上升至浅部时,以充填-交代形式形成不整合矿体及围岩蚀变(蚀变筒)。当其喷出海底时即形成喷气-沉积型整合矿体。成矿模式见图 4-6。

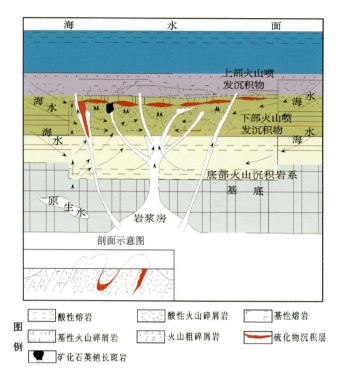

图 4-6 六一硫铁矿成矿模式图

(六) 朝不楞矿区伴生硫铁矿

矽卡岩的形成与花岗岩体的期后热液活动密切相关。当花岗岩侵入体的边部已经凝固,存在深部富含铁钙的铝硅酸盐残浆气水热液,在地质构造力的作用下,沿灰岩、钙质砂岩等与辉长岩的脆弱接触带注入,与围岩发生反应,冲破和交代了二者部分岩性,导致了矽卡岩的形成。未交代完全者则形成了矽卡岩中的残留包体。由于热液成分和被交代物质的不同,以及同化交代作用的专属性与物质成分的相互交换,促使了不同矿物组合的矽卡岩出现。随着气水热液向两端的不断渗透,使花岗岩不同程度地发生了矽卡岩化并在边部出现矽卡岩脉,热力作用亦使灰岩、砂岩等产生了角岩和角岩化砂岩等两个热力变质晕圈。随着矽卡岩化作用的进行,SiO_2、Al_2O_3 和 MgO 大量消耗,热液中逐渐富含铁质,铁质对已形成的矽卡岩矿物进行交代,形成了铁矿。随着铁质的减少,热液中变得富含 Zn、Cu 等残余成分,在挥发组分 S、As 等的参与活动下,重叠浸染于上述岩矿之中,交代溶蚀了磁铁矿和所有矽卡岩矿物,局部形成了 Zn、Cu 的富集和黄铁矿、磁黄铁矿等大量出现。由于热液分泌的不均衡性和脉动式上升的结果,促使第二世代磁铁矿细脉的形成和多种矽卡岩脉的相继贯入,互相包裹,形成角砾。随着温度的降低,热液活动加强,Fe、S 组分沿已形成的节理裂隙贯入,形成了互相交错的硫铁矿脉、磁黄铁矿脉和少量黄铜矿。热液活动的最后阶段是以毒砂、方铅矿的浸染和碳酸盐脉的大量活动而告终。成矿模式见图 4-7。

(七) 拜仁达坝伴生硫铁矿

该矿床是一受构造控制、与海西期石英闪长岩有关的中低温热液矿床。成矿流体早期为中高温、低盐度、富 CH_4 流体,晚期为中低温、低盐度、富水流体,成矿主要在中低温范围内。主成矿期氧逸度较低,但早期可能存在高氧逸度流体。成矿模式图见图 4-8。

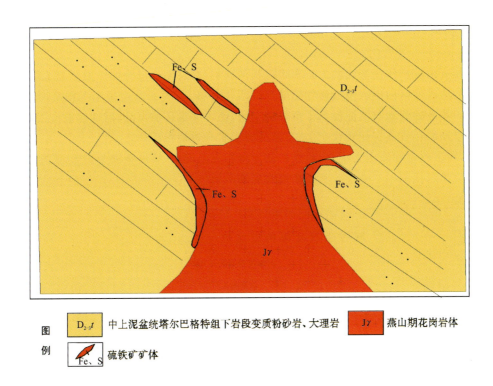

图 4-7　朝不楞伴生硫铁矿成矿模式图

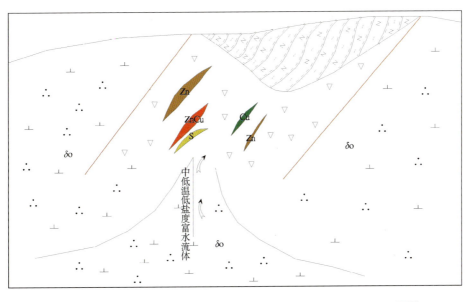

图 4-8　拜仁达坝伴生硫铁矿成矿模式图

(八)驼峰山硫铁矿

驼峰山海相火山沉积作用形成的大石寨组沉积黄铁矿,为后期热液叠加作用奠定了基础,勘查区北部侏罗纪岩浆的活动使区内围岩中成矿物质随热液活化转移,其大石寨组每个沉积旋回中结构疏松破碎的岩层为成矿热液的流动与沉淀提供了良好的空间,使得大量矿质沉淀,后期热液作用形成的黄铁矿穿插并叠加于早期海相火山沉积黄铁矿层中,形成似层状—透镜状矿体。

综上所述,初步判定驼峰山含铜、金硫铁矿床为海相火山沉积-热液叠加型矿床,矿床类型应属块状硫化物矿床。成矿时代为中二叠世。其成矿模式见图4-9。

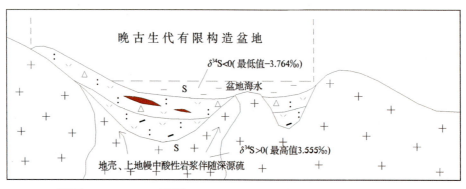

图4-9 驼峰山硫铁矿成矿模式图

第二节 地球物理特征

一、东升庙-甲生盘预测工作区

(一)典型矿床重力特征

1. 东升庙典型矿床

东升庙典型矿床位于布格重力异常的北东向、局部重力低异常的西北侧等值线密集带上,该局部重力低异常最小值 Δg_{min} 为 $-228.47 \times 10^{-5}\,m/s^2$,异常幅度约 $80 \times 10^{-5}\,m/s^2$,剩余重力异常亦明显反映局部剩余重力低异常。其东北侧反映北东向重力高异常带,根据物性资料和地质资料分析,推断重力低异常带是临河中—新生代盆地所致,重力高异常带是宝音图隆起南延的反映。表明东升庙海相火山喷流沉积型硫铁矿床不仅与元古宙海相火山喷流沉积岩有关,而且与临河中—新生代盆地边缘断裂有关,即该矿床成因符合盆地边缘成矿理论。

2. 炭窑口典型矿床

炭窑口典型矿床位于布格重力异常高值区与低值区变化率较大的梯级带上,梯级带北东走向,布格重力异常值变化范围 Δg 在 $(-220 \sim -168) \times 10^{-5}\,m/s^2$ 之间,变化率每千米为 $2.7 \times 10^{-5}\,m/s^2$,这一梯级带是狼山-阴山陆块及裂陷盆地边界,硫铁矿附近布格重力值为 $-176 \times 10^{-5}\,m/s^2$。硫铁矿西北侧布格重力较高,东南侧布格重力较低。

剩余重力正负异常与前述布格重力异常相对高异常区及相对低异常区相对应。炭窑口硫多金属矿位于编号为 G 蒙-662 的剩余重力正异常区南部边缘,该异常为近北东走向带状正异常,极值为 $22.64×10^{-5}$ m/s²,从地质背景特征可知,此区域地表主要出露的是太古宙—元古宙地层,故推断此正异常是由太古宙—元古宙基底隆起所致。而炭窑口硫多金属矿赋存于渣尔泰山群增隆昌组(Chz)及阿古鲁沟组(Jxa)中,说明炭窑口硫多金属矿所在区域的重力正异常反映了其成矿地质环境。矿床东南侧为区域上近北东向展布的负异常区,是河套盆地东部。

3. 山片沟典型矿床

山片沟典型矿床位于布格重力异常相对低值区西部,布格重力值在$(-163.27\sim-148.46)×10^{-5}$ m/s² 之间,山片沟硫铁矿床附近布格重力值为 $-156×10^{-5}$ m/s²。该布格重力异常呈似椭圆状近东西向展布,在该异常西侧布格重力异常值相对较高。

该矿床位于剩余重力负异常与剩余重力正异常接触带上,异常等值线密集。矿床北侧为剩余重力负异常区,剩余重力异常值在$(-11.29\sim-4.54)×10^{-5}$ m/s² 之间。此区域地表出露花岗岩,所以推测此处负异常区与酸性侵入岩体有关。矿床南侧的剩余重力正异常区地表局部出露有太古宙、元古宙地层,故推断该区正异常由太古宙、元古宙老基底隆起所致。根据地质资料,矿体赋存于渣尔泰山群阿古鲁沟组(Jxa)中,综合分析认为,山片沟硫铁矿床位于地层与酸性岩体的外接触带上。

(二)预测工作区重力特征

预测工作区在区域上位于内蒙古中部,从布格重力异常来看,预测工作区北部为巴彦乌拉山-大青山重力高值带,南部为吉兰泰-杭锦后旗-包头-呼和浩特重力低值带,异常大多呈近东西向带状展布,区域重力场最低值 $-228.52×10^{-5}$ m/s²,最高值 $-116.25×10^{-5}$ m/s²。根据地质资料及物性资料,推断区域重力高与太古宙地层和元古宙地层有关。在区域重力高上叠加许多等轴状和条带状的局部重力低异常,规模比较大的主要有临河-五原、乌拉特后旗东以及西斗铺北,认为是中—新生代盆地的表现。等轴状的局部重力低异常与中性—酸性岩体有关。在预测工作区内东部和西部有全区解释推断的酸性岩浆岩带分布。

由剩余重力异常可知,布格重力异常相对高值区对应形成剩余重力正异常,布格重力异常相对低值区对应形成剩余重力负异常。预测工作区中部北侧布格重力异常较高区域分布有范围较大的条带状剩余重力正异常,即 G 蒙-662,极值为$(11.92\sim29.01)×10^{-5}$ m/s²。这一带地表局部出露有太古宙、元古宙地层,太古宙、元古宙基底隆起,基底高密度体,异常质量相对较大,是形成重力高和剩余重力正异常的主要原因。炭窑口硫铁矿与东升庙硫铁矿即赋存于这套元古宙地层中。

预测工作区中部条带状剩余重力负异常 L 蒙-663,此负异常由中—新生代盆地即河套盆地引起。河套盆地基底凹陷,中—新生界巨厚,密度小,异常质量相对也较小,所以会表现为布格重力低和剩余重力负异常。

在预测工作区内,北部和东部剩余重力正负异常相间分布,其中 L 蒙-637、L 蒙-661、L 蒙-643、L 蒙-645 是由中—新生代盆地引起的,而其余剩余重力负异常大多是由酸性岩体侵入所致。其中剩余重力正异常从物性特征、剩余重力异常所处位置及特征、地质情况综合分析,认为与太古宙、元古宙基底隆起有关。但其中剩余重力正异常 G 蒙-641、G 蒙-644 地表却出露太古宙闪长花岗岩,平均密度为 2.71g/cm³,而元古宙地层的平均密度为 2.66g/cm³,所以会出现地表出露酸性岩体而形成剩余重力正异常的现象。

炭窑口矿床和东升庙矿床均位于预测工作区东部 G 蒙-662 和 L 蒙-663 的交替带上,即元古宙、太古宙地层与河套盆地的接触带部位。在此区域存在有重力推断的近北东向构造。炭窑口硫铁矿、东升庙硫铁矿就赋存于元古宙地层中,矿区北东向断裂控制了矿体的分布,综合分析认为是 L 蒙-663 与 G 蒙-662 的交替带,且盆地与元古宙地层的接触带,并有断裂活动,故认为这一区域是硫铁矿成矿的有利靶区。

预测工作区内断裂构造较发育,以北东向和东西向为主。地层单元呈带状和面状分布,中新生代盆地呈带状展布,中—酸性岩体以等轴状出现。在该预测工作区推断解释断裂构造 71 条,超基性—基性岩体 1 个,中性—酸性岩体 10 个,中性—新生代盆地 9 个,地层单元 14 个。

二、房塔沟-榆树湾预测工作区

(一)典型矿床重力特征

从矿床所在区域的地球物理特征看,布格重力异常值由西南至东北逐渐升高,布格重力值为$(-152\sim-132)\times 10^{-5}\mathrm{m/s^2}$,榆树湾硫铁矿床附近布格重力值为$-146.00\times 10^{-5}\mathrm{m/s^2}$,位于布格重力相对低值区。

由剩余重力异常可知,榆树湾硫铁矿位于剩余重力正异常边缘,区域地表出露石炭纪地层,故推断此处剩余重力正异常与古生代地层有关,而矿体赋存于上石炭统底部铝土页岩中,说明榆树湾硫铁矿所在区域的重力正异常反映了其成矿地质环境。

(二)预测工作区重力特征

预测工作区只完成 1∶50 万重力测量,工作程度低,工区范围较小,总体特征不明显。从区域上看,预测工作区重力场总体近北西走向,布格重力值由西南向东北逐渐升高。

由剩余重力异常可知,预测工作区东部为呈近北北东向展布的条带状剩余重力正异常,即 G 蒙-622,极值为$7.38\times 10^{-5}\mathrm{m/s^2}$。这一区域地表出露寒武纪、奥陶纪地层,故推断此正异常是由古生代地层引起的。在预测工作区西南部有两处范围较小的剩余重力正异常,从地质资料看此区域出露有石炭纪地层,故推断此正异常亦与古生代地层有关。预测工作区内的剩余重力负异常主要是由中—新生代坳陷盆地所致。

在该预测工作区推断解释断裂构造 8 条,中—新生代盆地 2 个,地层单元 3 个(图 4-10)。

三、别鲁乌图-白乃庙预测工作区

(一)典型矿床重力特征

别鲁乌图典型矿床位于布格重力异常相对低值区的北部,以矿床为界,其南部为布格重力异常低值区,异常值在$(-168.66\sim-146.17)\times 10^{-5}\mathrm{m/s^2}$之间。其北部为布格重力异常高值区,异常值在$(-124.66\sim-114.96)\times 10^{-5}\mathrm{m/s^2}$之间。矿床附近等值线值为$-152\times 10^{-5}\mathrm{m/s^2}$。布格重力异常相对高值区与相对低值区的过渡带为一条近东西向梯级带,并部分发生同向扭曲,推断此处存在东西向断裂(编号 F 蒙-02018)和北东向断裂(编号 F 蒙-01140),这些断裂为矿区的主要控矿构造,矿床或矿体的产状、形态均受其控制。

别鲁乌图硫铁矿位于剩余重力异常两处带状负异常(L 蒙-538、L 蒙-550-2)的东西向接触带上。由地质背景可知,此接触带地表出露花岗岩,两处负异常地表被第四系、第三系(新近系+古近系)覆盖。而由地质资料可知,矿体主要产于上石炭统阿木山组变质粉砂岩与板岩互层层位及变质砂质粉砂岩、铁

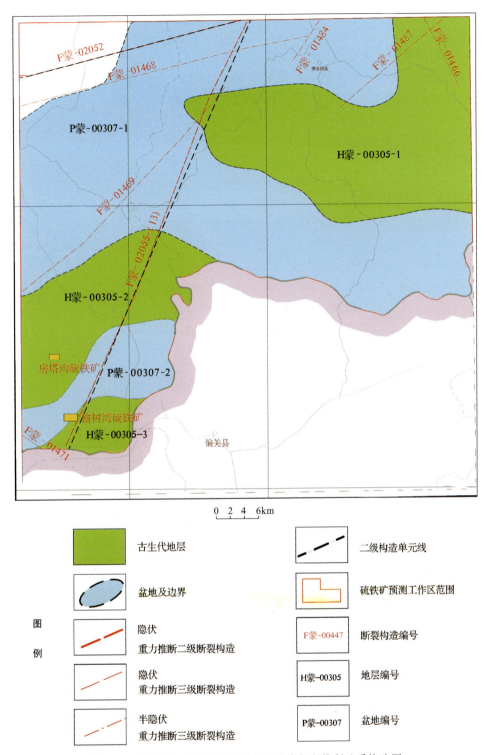

图 4-10 房塔沟-榆树湾预测工作区重力解释推断地质构造图

染粉砂岩层层位。故推断此处有半隐伏酸性岩体存在,并且岩浆岩的形成早于矿体的形成时间。

(二)预测工作区重力特征

预测工作区位于宝音图-白云鄂博-商都重力低值带以北,预测工作区重力场特征总体趋势为北高南低,区内有一北东向的高值区,$\Delta g_{max}=-115.28\times10^{-5}\mathrm{m/s^2}$。预测工作区南部东西向展布的宝音图-白云鄂博-商都重力低值带,$\Delta g_{min}=-179.82\times10^{-5}\mathrm{m/s^2}$。两者的过渡带为近东西走向的重力梯度带,推断为温都尔庙-西拉木伦一级断裂。预测工作区南部低重力值区域相对稳定,表现为重力值北高南低、东西走向的重力梯度带;北部有北东向展布的局部高、低重力异常相间排列,形态呈条带状或椭圆状。

布格重力异常相对高值区对应形成剩余重力正异常,局部低值区与剩余重力负异常相对应。由若干剩余重力正负异常分别组成正负异常带呈近北东向相间分布,形态均为长椭圆状,异常边缘等值线较密集。剩余重力负异常值一般为$-14.62\times10^{-5}\mathrm{m/s^2}$,剩余重力正异常则在$(0\sim21.38)\times10^{-5}\mathrm{m/s^2}$之间。

预测工作区内剩余重力正异常有G蒙-532、G蒙-533、G蒙-543、G蒙-534、G蒙-544、G蒙-545,根据地质资料。其中G蒙-532、G蒙-543均由元古宙地层隆起所致,表现为剩余重力正异常;G蒙-533地表出露超基性岩、元古宙—古生代地层,所以推断其为超基性岩和元古宙—古生代地层共同作用所致;G蒙-534、G蒙-544、G蒙-545这一带地表局部出露超基性岩、古生代地层,所以推断此处剩余重力正异常为古生代地层和超基性岩共同作用的结果。

在预测工作区剩余重力正异常带间隔中形成3组近北东向展布的带状负异常带,分别是L蒙-537、L蒙-538和L蒙-527、L蒙-550-2,它们均由若干个椭圆状或等轴状异常组成。这些区域地表主要为第四系、第三系覆盖,有些外围出露侏罗纪、石炭纪地层,所以推断该些负异常区由中—新生代坳陷盆地或沉积盆地引起。预测工作区内剩余重力负异常L蒙-530、L蒙-550-1地表出露酸性岩体,所以推断该两处负异常均与酸性岩体有关(图4-11)。

四、六一-十五里堆预测工作区

(一)典型矿床重力特征

六一典型矿床所在区域整体布格重力值较高,极值在$(-90.15\sim-60.71)\times10^{-5}\mathrm{m/s^2}$之间。矿床位于布格重力异常相对高值区,相对高值区与相对低值区由一条呈北东向展布的梯级带分开,推断此梯级带处存在断裂即编号F蒙-00154。

剩余重力异常和布格重力异常的展布形态、分布范围基本一致。矿床位于北东向剩余重力正异常G蒙-59上,极值为$(2.57\sim9.61)\times10^{-5}\mathrm{m/s^2}$。该正异常区域地表出露古生代地层,可见该剩余重力正异常是由古生代基底隆起所致。而矿体赋存于宝力高庙组(C_2bl)中,由此说明六一硫铁矿床所在区域的重力正异常反映了其成矿地质环境,矿体受地层控制。

(二)预测工作区重力特征

该预测工作区位于内蒙古自治区东部大兴安岭西侧海拉尔盆地,布格重力相对高值区,有两条区域性北东向深大断裂F蒙-02002-①和F蒙-02004-②从预测工作区东、西两侧穿过。从布格重力异常图上看,预测工作区内布格重力异常受区域构造线控制,总体呈北东向展布,南部重力场总体为近东西走向,反映了预测工作区的总体构造格架特征。布格重力场最低值为$-97.87\times10^{-5}\mathrm{m/s^2}$,最高值为$-50.24\times10^{-5}\mathrm{m/s^2}$。

布格重力异常相对高值区对应形成剩余重力正异常,局部低值区与剩余重力负异常相对应。在预测工作区西北部分布有G蒙-46的剩余重力正异常,此区域地表局部出露震旦纪地层,故推断此正异常由元古宙基底隆起所致。预测工作区南部布格重力异常较高区域分布有范围较大的东西向条带状重力

第四章 硫铁矿典型矿床特征

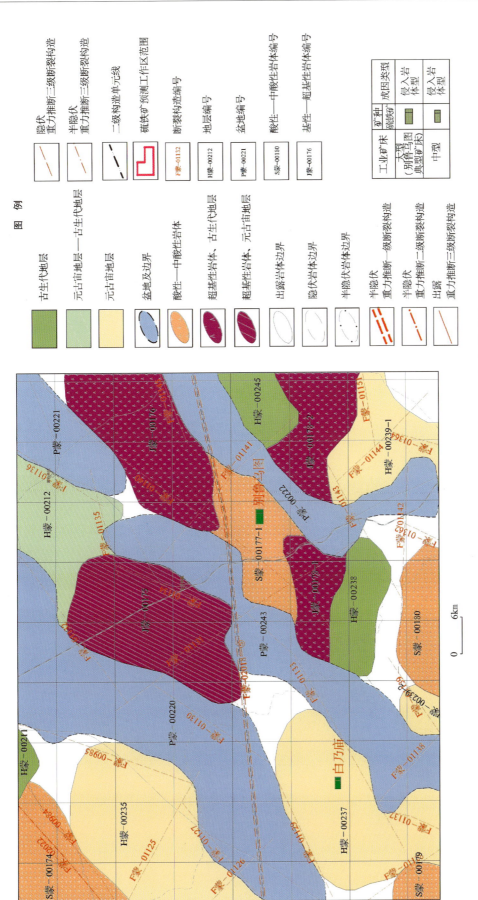

图 4-11 别鲁乌图-白乃庙预测工作区重力解释推断地质构造图

正异常,即 G 蒙-73,极大值为 $19.17×10^{-5}\mathrm{m/s^2}$。这一带地表零星出露有古生代地层,所以推断剩余重力正异常为古生代基底隆起所致。陈巴尔虎旗六一硫铁矿位于预测工作区中部,编号为 G 蒙-59 的北东向剩余重力正异常上,极值为 $(2.57\sim9.61)×10^{-5}\mathrm{m/s^2}$。该区域局部出露石炭纪地层,故推断此正异常亦是由古生代基底隆起引起的。规模较大,异常形态较规则的剩余重力负异常多与中生代盆地有关。

预测工作区内褶皱构造发育,严格受区域构造控制。在该预测工作区布格重力异常梯级带、正负异常交替带等值线呈密集线状分布的地段认为有断裂构造存在,如在预测工作区南部有梯级带,其展布方向由近东西向转为北北东向,推断此处有若干断裂(F 蒙-00192、F 蒙-00193、F 蒙-00195、F 蒙-00191)存在。

在该预测工作区推断断裂构造 20 条,地层单元 5 个,中性—酸性岩体 1 个,中新生代盆地 6 个(图 4-12)。

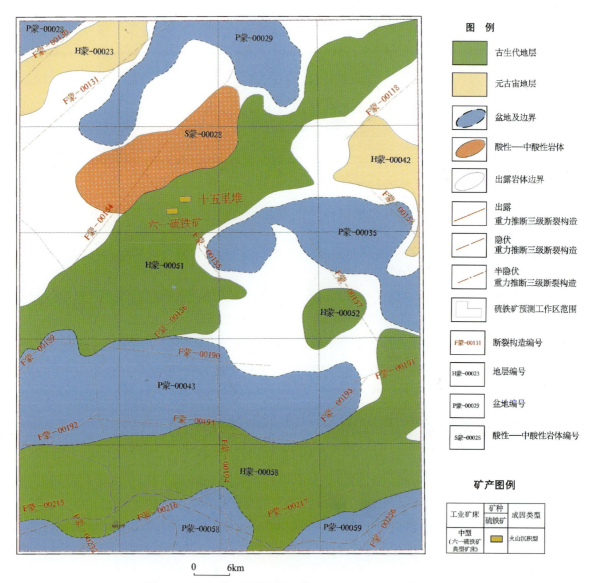

图 4-12 六一-十五里堆预测工作区重力解释推断地质构造图

五、朝不楞-霍林河预测工作区

(一)典型矿床重力特征

朝不楞式接触交代型硫铁矿大致位于布格重力相对高值区与相对低值区过渡带的扭曲部位,形成一条北东向梯级带(编号 F 蒙-00460)和一条近东西向梯级带(编号 F 蒙-00459)。布格重力异常值在 $(-117.00\sim-86.16)\times10^{-5}\mathrm{m/s^2}$ 之间,朝不楞硫铁矿床附近布格重力等值线值为 $-100\times10^{-5}\mathrm{m/s^2}$。

由剩余重力异常图可见,剩余重力异常和布格重力异常的展布形态、分布范围基本一致。硫铁矿床位于剩余重力正异常与负异常的交接带上,以矿床为界,南部为剩余重力正异常带,其极值为 $(5.95\sim9.76)\times10^{-5}\mathrm{m/s^2}$。根据地质资料,此区域地表局部出露侏罗纪、泥盆纪地层,故推断此异常为古生代基底隆起所致。其北部是剩余重力负异常,编号 L 蒙-173,其极小值为 $-5.99\times10^{-5}\mathrm{m/s^2}$。此负异常对应地表局部出露有黑云母花岗岩,所以推断此负异常与酸性岩体有关。在正负异常的边界附近推断有断裂构造存在。可见朝不楞硫铁矿位于古生代地层与花岗岩体接触带上,重力场特征反映了该硫铁矿的成矿地质环境,矿体受地层和岩浆岩共同控制。

(二)预测工作区重力特征

该预测工作区位于纵贯全国东部地区的大兴安岭-太行山-武陵山北北东向巨型重力梯度带的北西侧,从布格重力异常图上看,区域性北东向深大断裂 F 蒙-02006-③从预测工作区中部穿过。布格重力异常受区域构造线控制,总体呈北东向展布,局部为北北东向。由北西到南东,布格重力异常呈高低相间分布,形成多处局部重力高值区和局部重力低值区。布格重力极值范围是 $(-127.67\sim-65.36)\times10^{-5}\mathrm{m/s^2}$。

在剩余重力异常图上,剩余重力正负异常相间分布,形状大多呈椭圆状和等轴状,布格重力异常相对高值区对应形成剩余重力正异常。局部低值区与剩余重力负异常相对应。

预测工作区西北侧剩余重力正异常多与泥盆纪、奥陶纪基底隆起有关,东南侧的剩余重力正异常多由二叠纪基底隆起所致。但其中编号为 G 蒙-181、G 蒙-190 的剩余正异常由超基性岩引起。编号为 G 蒙-189-1,G 蒙-189-2 的剩余正异常推断与基性岩有关。

区内规模较小、形状不规则的剩余重力负异常为 L 蒙-173、L 蒙-314、L 蒙-318、L 蒙-322、L 蒙-209 由酸性侵入岩引起,主要位于预测工作区西北侧。规模较大,异常形态较规则的剩余重力负异常多与中生代盆地有关。

朝不楞硫铁矿预测工作区,断裂构造发育,严格受区域构造控制。在该预测工作区布格重力异常梯级带、正负异常交替带等值线呈密集线状分布或重力异常场两侧特征发生明显变化的地段均认为有断裂构造存在。如在预测工作区中部存在两条区域性的北东向及北北东向梯级带,推断这一地区存在深大断裂构造,分别为乌兰哈达-林西断裂(F 蒙-02011)和艾里格庙-锡林浩特断裂[F 蒙-02007-(2)]。

在该预测工作区推断断裂构造113条,地层单元23个,中性—酸性岩体8个,中新生代盆地27个。

六、拜仁达坝-哈拉白旗预测工作区

（一）典型矿床重力特征

拜仁达坝多金属矿位于北部和西部两处布格重力异常相对高值区所夹的狭长布格重力异常相对低值区，布格重力异常极值范围为$(-128.39\sim-124.34)\times10^{-5}\ m/s^2$。在相对高值区与相对低值区的过渡带上有密集梯级带，故推断有北西向、北东向、东西向断裂存在（F蒙-00771、F蒙-00772、F蒙-00773）。

由剩余重力异常图可见，剩余重力异常和布格重力异常的展布形态、分布范围基本一致。硫铁矿位于剩余重力负异常L蒙-370与剩余正异常G蒙-403的交替带的北侧，负异常L蒙-370的极值为$(-8.84\sim-7.88)\times10^{-5}\ m/s^2$，地表出露大面积花岗岩，故推断其与酸性岩体侵入有关。在矿床西侧的剩余重力正异常G蒙-403，极值为$9.20\times10^{-5}\ m/s^2$，其地表由第四系覆盖，局部出露石炭纪及二叠纪地层，故推断该异常由古生代基底隆起所致。根据地质资料，海西期石英闪长岩呈岩株状侵入于老地层即新元古代黑云母斜长片麻岩中，燕山早期花岗岩侵入黑云斜长片麻岩中，该期次花岗岩为成矿母岩。综上所述，推断拜仁达坝多金属矿赋存于酸性岩体与地层的外接触带上。

（二）预测工作区重力特征

拜仁达坝硫铁矿预测工作区位于纵贯全国东部地区的大兴安岭-太行山-武陵山北北东向巨型重力梯度带的西侧。该巨型重力梯度带东、西两侧重力场下降幅度达$80\times10^{-5}\ m/s^2$，下降梯度每千米约$1\times10^{-5}\ m/s^2$。由地震和磁大地电流测深资料可知，大兴安岭-太行山-武陵山巨型宽条带重力梯度带是一条超地壳深大断裂带的反映。该深大断裂带是环太平洋构造运动的结果。沿深大断裂带侵入了大量的中—新生代中性—酸性岩浆岩和喷发、喷溢了大量的中—新生代火山岩。

从布格重力异常图上看，预测工作区整体上布格重力异常呈北东向展布，反映了区域构造格架的方向。预测工作区东南部重力高、中部重力低、西北部相对重力高，重力场最低值$-149.72\times10^{-5}\ m/s^2$，最高值$-20.39\times10^{-5}\ m/s^2$。以拜仁达坝矿床为界，其西北部布格重力相对高值区与相对低值区杂乱相间分布，其东南部布格重力呈北东长条状展布，极值逐渐升高。

在剩余重力异常图上，预测工作区以克什克腾旗拜仁达坝硫多金属矿区为界，其东南部剩余重力正负异常杂乱分布。其西北方向条带状剩余重力正负异常呈北东向及北北东向相间分布。其中剩余重力正异常主要有G蒙-362、G蒙-343-1、G蒙-343-2、G蒙-344-1、G蒙-365、G蒙-399、G蒙-345、G蒙-390，根据地质资料这一带地表局部出露有超基性岩体和古生代地层，所以推断这些剩余重力正异常为超基性岩体及古生代地层共同作用的结果。其余剩余正异常均是由于古生代基底隆起所致。

在拜仁达坝硫铁矿床的东南部，即沿克什克腾旗—霍林郭勒市一带分布的剩余重力负异常，地表断断续续出露不同期次的中—新生代花岗岩体，故推断这些异常主要是由酸性侵入岩引起，并且此区域布格重力异常总体反映重力低异常带。异常带走向北北东，呈宽条带状，长约370km，宽约90km，推断该重力低异常带由中性—酸性岩浆岩活动区（带）引起。除此之外，其他剩余负异常区域地表主要为第四系覆盖，所以推断该些负异常区为新生代沉积盆地。

拜仁达坝硫铁矿预测工作区内断裂构造发育，以北东向断裂构造为主，其次为北西向及近东西向断裂。在预测工作区中部存在两条区域性的北东向及北北东向梯级带，推断这一地区存在深大断裂构造，分别为艾里格庙-锡林浩特断裂（F蒙-02007）和乌兰哈达-林西断裂（F蒙-02011）。所以推断布格重力异常梯级带或正负异常交替带等值线呈密集线状分布的地段有断裂构造存在。

在该预测工作区推断解释地层单元46个,断裂构造168条,中性—酸性岩浆岩活动区(带)2个,中性—酸性岩体26个,超基性—基性岩体12个,中新生代盆地47个。

七、驼峰山-孟恩陶力盖预测工作区

(一)典型矿床重力特征

驼峰山式海相火山岩型硫铁矿在布格重力异常图上,位于布格重力异常相对高值区与相对低值区的北东向过渡带附近,在相对低值区内。布格重力异常值由西北到东南逐渐升高,极值范围为$(-60.43 \sim -31.61) \times 10^{-5}$ m/s²,矿床附近布格重力异常等值线值为-54×10^{-5} m/s²。

在剩余重力异常图上,驼峰山硫铁矿位于剩余重力正异常G蒙-247与剩余重力负异常L蒙-246的交替带偏负异常一侧。负异常L蒙-246呈近北东向展布,主要由酸性岩体所致。正异常G蒙-247由两个单异常组成,极值为$(2.24 \sim 6.29) \times 10^{-5}$ m/s²。此区域地表出露石炭纪、二叠纪地层,故此异常与古生代地层有关。而矿体赋存于下二叠统大石寨组,说明驼峰山硫铁矿所在区域的重力正异常反映了其成矿地质环境。

(二)预测工作区重力特征

驼峰山式火山岩型硫铁矿预测工作区位于纵贯全国东部地区的大兴安岭-太行山-武陵山北北东向巨型重力梯度带上。该巨型重力梯度带东、西两侧重力场下降幅度达80×10^{-5} m/s²,下降梯度每千米约1×10^{-5} m/s²。由地震和磁大地电流测深资料可知大兴安岭-太行山-武陵山巨型宽条带重力梯度带是一条超地壳深大断裂带的反映。该深大断裂带是环太平洋构造运动的结果。沿深大断裂带侵入了大量的中新生代中酸性岩浆岩和喷发、喷溢了大量的中新生代火山岩。

从布格重力异常图上看,预测工作区处于内蒙古自治区东部北东向巨型重力梯度带上。在预测工作区内西北部布格重力异常值相对低,为大兴安岭重力低值带南端,其值为$(-117.31 \sim -69) \times 10^{-5}$ m/s²,东南部布格重力异常值相对高,位于松辽西缘重力高值带上,其值为$(-75.63 \sim 2.06) \times 10^{-5}$ m/s²。总体看来,区域重力场总体反映东南部重力高、西北部重力低的特点,且布格重力值整体由西北部向东南部逐渐增高。

从剩余重力异常图上看,预测工作区内剩余重力正负异常杂乱相间分布,规模比较小。在巨型重力梯度带上叠加着许多重力低局部异常,这些异常主要是中性—酸性岩体、次火山岩和火山岩盆地所致。其余负异常地表分布主要被第四纪和侏罗纪地层覆盖,周围出露古生代地层,故推断这些负异常主要由中新生代盆地引起的。

预测工作区内断裂构造以北东向和北西向为主,地层单元呈带状沿近东西向分布,中新生代盆地呈带状,岩浆岩带呈面状沿北东向延伸,中性—酸性岩体呈带状和椭圆状分布。该预测工作区内推断解释断裂构造93条,中性—酸性岩体21个,中新生代盆地31个,地层单元27个。

第三节 区域成矿模式

一、东升庙-甲生盘预测工作区成矿模式

(一)大地构造演化环境与区域矿产时空演化关系

预测工作区大地构造位置属华北陆块区狼山-阴山陆块,狼山-白云鄂博裂谷及固阳-兴和陆核区。按板块构造属华北板块北缘隆起带,沉积环境相当于无障壁海岸陆源碎屑沉积体系浅海陆棚沉积体系。中新元古代沉积型铅锌矿床及矿点首先与其所处的裂陷槽发育性质与规模有关。在裂陷槽下陷的早期,其成矿作用主要集中在裂陷槽中央沉降陷带的海盆中,而在下陷沉积的晚期则转移至边缘活动带。矿床的空间分布总体呈近东西向,与含矿地层阿古鲁沟组展布方向一致。

(二)区域成矿因素分析

1. 赋矿地层

本预测工作区内与沉积变质型多金属硫铁矿有关的地层为渣尔泰山群,由早到晚包括长城系书记沟组、增隆昌组,蓟县系阿古鲁沟组和青白口系刘鸿湾组。其中,与成矿有直接关系的是阿古鲁沟组,其岩石组合下部为暗色板岩、碳质粉砂质板岩夹片理化含铜石英岩,上部为泥质结晶灰岩。底部以黑灰色绢云板岩与增隆昌组硅化灰岩平行不整合分界,上部以含碳质板岩、深灰色结晶灰岩与刘鸿湾组石英岩平行不整合分界。

赋矿地层为渣尔泰山群阿古鲁沟组,该地层与沉积变质型多金属硫铁矿床及矿点的分布密切相关,是重要的控矿因素之一。它既是矿床的赋矿围岩,又是不同程度提供矿质来源的深部矿源层或直接矿源层。

2. 控矿构造

本预测工作区构造上主体位于川井-化德-赤峰大断裂带以南,大青山山前断裂以北。区域构造线方向总体为北东东向或近东西向,岩浆活动、地层空间分布及成矿作用均明显受其控制。控岩控矿断裂多为近东西向断裂、顺层断裂及层间滑动断裂。

3. 航磁异常特征

由1:20万航磁 ΔT 等值线平面图可知,本预测工作区矿床或矿点多分布于正负磁异常交接带靠正磁异常一侧,或负磁异常中的局部正磁异常区,异常值在 $100\sim200\text{nT}$ 之间。

4. 重力异常特征

剩余重力异常等值线图上,矿床及矿点多分布于重力高值异常区。

(三)成矿时代

1:20万区域地质调查将渣尔泰山群时代置于元古宙。1979—1984年,内蒙古自治区第一区域地

质调查队在温更—书记沟一带进行 1∶5 万区域地质调查时,将渣尔泰山群时代定为中新元古代,同位素资料显示其上限为 1450±500Ma,下限为 1850±500Ma。在甲生盘和山片沟采自阿古鲁沟组中铅同位素平均值为 1600Ma。1975 年,贵阳地球化学研究所对固阳地区书记沟组黑云母片岩中黑云母进行 U-Pb 法测年,获得 1875~1037Ma 的年龄值。1985 年,内蒙古自治区区域地质调查队在白音布拉沟阿古鲁沟组灰岩中测得全岩 $^{207}Pb/^{206}Pb$ 年龄值为 1456Ma。1994 年,内蒙古自治区第一区域地质研究院进行 1∶5 万区域地质调查时,在侵入书记沟组的黑云母花岗岩中获得锆石 U-Pb 法年龄为 1665±3Ma。

从上述同位素资料看,较集中的年龄值应为 1600Ma 左右,铅模式年龄主要集中在 1118~980Ma。综上,认为本区多金属硫铁矿床形成于中新元古代。

(四)成矿物质来源

1. 成矿物质组成

本区沉积变质型多金属硫铁矿床矿石中有用元素主要有硫、铜、铅、锌,可综合利用组分有银、金、钴、镉。金属矿物主要有黄铁矿、磁黄铁矿、黄铜矿、方铅矿、铁闪锌矿、磁铁矿,次要矿物有方黄铜矿、斑铜矿和褐铁矿。

2. 区域成矿物质来源及流体作用

该区域稳定同位素包括硫同位素,氢、氧、碳同位素和铅同位素。

硫同位素:据施林道等(1974)、李兆龙等(1986)和杨海明等(1991)的数据,硫同位素 $\delta^{34}S$ 为 $-3.1‰$~$23.5‰$,极差达 26.6‰。除了一个负值($-3.1‰$)外,其余数据均为正值,而且偏离零值线较远,也未形成峰值。表明矿石中的硫属于海水硫酸盐的还原硫,反映出成矿物质最初是沉积成因。

氢、氧、碳同位素:根据杨海明等(1991)的数据,含铅锌石英脉的石英流体包裹体的 $\delta^{18}O$ 值为 14.30‰~15.10‰,δD 值为 $-115‰$~$144‰$,$\delta^{13}C$ 值为 $-16.30‰$~$-11.67‰$。这些数据反映了很复杂的变化过程。

铅同位素:据李兆龙等(1986)和杨海明等(1991)的资料,铅同位素组成较稳定,属正常铅。铅同位素数据主要为 $^{206}Pb/^{204}Pb=17.027$~17.224、$^{207}Pb/^{204}Pb=15.451$~15.727、$^{208}Pb/^{204}Pb=36.747$~37.669。在 Doe B R 和 Zartman R E 的 $^{207}Pb/^{204}Pb$ 对 $^{206}Pb/^{204}Pb$ 图解上,铅同位素主要分布在克拉通化地壳区边部,造山带铅平均演化线附近,指示铅源可能是狼山群下伏的太古宙基底。

东升庙-甲生盘预测工作区成矿要素见表 4-11,成矿模式见图 4-13。

表 4-11 东升庙-甲生盘预测工作区成矿要素表

区域成矿要素		描述内容	要素分类
特征描述		沉积变质型硫铁矿床	
地质环境	大地构造位置	华北陆块区(Ⅱ),狼山-阴山陆块(Ⅱ-4),狼山-白云鄂博裂谷带(Ⅱ-4-3)	重要
	成矿区(带)	滨太平洋成矿域(叠加在古亚洲成矿域之上)(Ⅰ-4);华北成矿省(Ⅱ-14);华北地台缘西段金、铁、铌、稀土、铜、铅、锌、银、镍、铂、钨、石墨、白云母成矿带(Ⅲ-11);狼山-渣尔泰山铅、锌、金、铁、铜、铂、镍成矿亚带(Ⅲ-11-②);炭窑口-东升庙硫、铅、锌、铜矿集区(Pt)(Ⅴ-1)	重要
	成矿环境	潮坪相环境的沉积,沉积后受轻微改造的层控矿床	重要
	含矿岩系	渣尔泰山群增隆昌组石墨白云石大理岩及阿古鲁沟组含碳白云质泥灰岩	重要
	成矿时代	中新元古代	重要

续表 4-11

区域成矿要素 特征描述		描述内容 沉积变质型硫铁矿床	要素分类
矿床特征	矿体形态	层状、似层状	次要
	岩石类型	普遍发育有喷气成因的燧石夹层或条带	重要
	岩石结构	变余泥质结构	次要
	矿物组合	矿石矿物:黄铁矿、磁黄铁矿、闪锌矿、方铅矿等; 脉石矿物:白云石、绢云母、黑云母、石英、长石	重要
	结构	半自形—他形粒状、自形粒状结构为主	次要
	蚀变特征	褐铁矿化	次要
	控矿条件	①中新元古界蓟县系阿古鲁沟组; ②层内裂隙构造及层间滑动裂隙	必要
区内相同类型矿产		6个矿床,其中1处超大型,4处大型,1处中型	重要

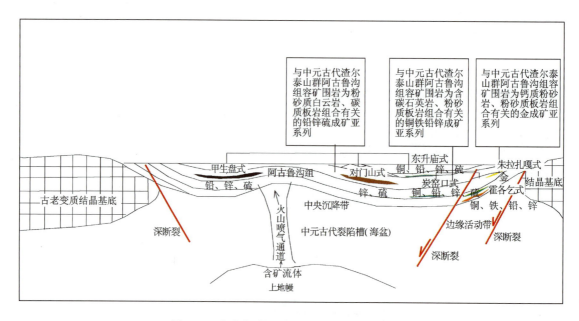

图 4-13　东升庙-甲生盘预测工作区成矿模式图

二、房塔沟-榆树湾预测工作区成矿模式

1. 地质特征

该预测工作区含矿岩系为上石炭统本溪组铝土页岩。本溪组从下至上划分的沉积岩建造和其相应的沉积相分别如下。

(1)铝土页岩建造:灰色、灰黄色、紫红色铝土页岩及灰白色高岭石页岩,下部是本区主要的含硫铁矿、山西式铁矿的赋存层位。主要岩性为紫红色铁质页岩、铁质泥岩、铁质砂岩,是海侵初期滨海沼泽环境中形成的沼泽相和潟湖相。

(2)碳酸盐岩建造:灰色、深灰色、灰黑色中厚层状灰岩,含䗴 *Fusulina*,*Fusulinella*;珊瑚 *Brady-*

phyllum；腕足 *Cancrinella*，*Choristites*。该建造为灰泥丘亚相。

（3）碳质页岩建造：灰黑色碳质页岩、含碳质粉砂岩，含 *Linoproductus* 等化石，是潟湖相转化为沼泽相的沉积。

2. 构造特征

该预测工作区所处大地构造位置层为华北陆块区（Ⅱ）、鄂尔多斯陆块（Ⅱ-5）、鄂尔多斯陆核（鄂尔多斯盆地，Mz）（Ⅱ-5-1）。

本预测工作区内断裂构造并不发育，以北西-南东向为主，具代表性的为公盖梁南部的正断层，长约 8.4km，倾向南西，该断层切断含矿建造铝土页岩地层，另外规模比较大的北西-南东正断层位于寺儿沟、后三黄水一带，长度分别为 2.4km 和 4km，倾向均为南西，横切寒武系三山子组。其次为北东向正断层，位于清水河县西部，长度约为 2km，倾向南东，其中一条正断层倾向北西，长约 1km。

以上所述公盖梁南部正断层切断含矿地层，北西-南东向正断层对矿体无控制作用。

铝土页岩在该区分布规律，初步认为分布面积较广，层位亦较为稳定，唯其厚度有变化，变化产生于中石炭世以前，中奥陶世之末。此时全区上升海水退出，经长期风化侵蚀，该区低洼不平，因而沉积薄厚不均铝土页岩层，且含有结核状黄铁矿。铝土页岩顶部致密坚硬，与氧化铁及含矿物质的渗入胶结作用密切相关，而其中部及底部则次之。

该区黄铁矿与铝土页岩为同一层位同时生成。其特征往往是倾斜相同，矿层亦同样产于奥陶纪石灰岩风化壳上，但其石膏常在铝土页岩节理面上或裂隙中，尤其在黄铁矿氧化处更为明显，同时与围岩有着明显的界线，说明石膏是形成于铝土页岩及黄铁矿之后。

房塔沟-榆树湾预测工作区成矿要素见表 4-12，成矿模式见图 4-14。

表 4-12 房塔沟-榆树湾预测工作区成矿要素表

区域成矿要素		描述内容	要素分类
特征描述		沉积型硫铁矿床	
地质环境	大地构造位置	华北陆块区（Ⅱ）、鄂尔多斯陆块（Ⅱ-5）、鄂尔多斯陆核（鄂尔多斯盆地，Mz）（Ⅱ-5-1）	重要
	成矿区（带）	滨太平洋成矿域（叠加在古亚洲成矿域之上）（Ⅰ-4），华北成矿省（Ⅱ-14），山西断隆铁、铝土矿、石膏、煤、煤层气成矿带（Ⅲ-14）	重要
	成矿环境	三角洲平原相	重要
	含矿岩系	矿体赋存于上石炭统本溪组底部铝土页岩当中，矿体呈层状、透镜状赋存于铝土页岩中	重要
	成矿时代	石炭纪	重要
矿床特征	矿体形态	矿体呈层状、透镜状	次要
	岩石类型	铝土页岩、石灰岩	重要
	岩石结构	层状	次要
	矿物组合	矿石矿物：黄铁矿、黄铜矿；脉石矿物：铝土矿、石膏	重要
	结构构造	层状结构、块状构造	次要
	蚀变特征	褐铁矿化	次要
	控矿条件	矿体赋存于上石炭统本溪组底部铝土页岩中，硫铁矿与铝土矿同时生成，矿体呈层状、透镜状区内断裂构造不发育，对矿体没有明显的控制作用	必要
区内相同类型矿产		成矿区带内有 3 个小型矿床	重要

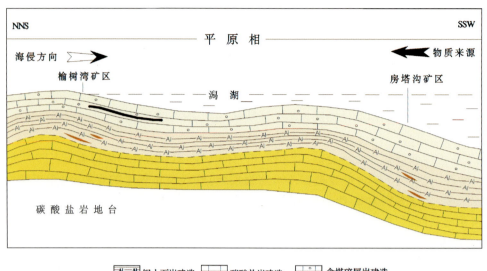

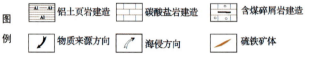

图 4-14 房塔沟-榆树湾预测工作区成矿模式图

三、别鲁乌图-白乃庙预测工作区成矿模式

(一) 地层特征

该预测工作区内主要地层有古元古界宝音图岩群灰色榴石二云石英片岩、石英岩夹透闪大理岩；上石炭统本巴图组活动陆缘类复理石、碳酸盐岩夹火山岩建造；早二叠世基性、中酸性火山岩及硅泥岩；下二叠统大石寨组陆缘弧火山岩、火山岩屑复理石建造；中二叠统哲斯组残留陆表海碎屑岩、碳酸盐岩夹火山岩建造。中生界白垩系及新生界第三系、第四系。与别鲁乌图硫铁矿关系密切的地层主要为上石炭统本巴图组。

(二) 岩浆岩特征

1. 海西期侵入岩

该侵入岩在区域上出露较少，主要分布于别鲁乌图矿区内。岩性主要为石英闪长玢岩(δo_4^2)，多呈岩株状产出。伴随本期侵入岩侵入的同时，还发现有沿层间或裂隙喷发的火山岩-英安岩(ζ)、石英安山岩(α)产出。

2. 海西晚期侵入岩

该侵入岩在区域上广泛分布。按其侵入顺序可分为 4 个较大的活动期。本期主要为黑云母花岗岩(γ_4^{3-2})的侵入，遍布全区。以第一、二期活动较强，岩性分布较广，多呈岩基状产出。

3. 燕山期侵入岩

该侵入岩主要岩性为中粗粒钾长花岗岩、细粒钾长花岗岩，大面积产于区域地质图东部图外，多呈岩基状，少数呈岩株状产出。

4. 喜马拉雅期侵入岩

该侵入岩岩性主要为玄武岩、安山质玄武岩,多沿断裂侵入,呈岩墙、岩株状产出,在区域地质图范围内零星分布。

(三)构造特征

本区所处大地构造位置为内蒙古自治区中部地槽褶皱系(一级)温都尔庙-翁牛特旗加里东地槽褶皱带(二级)多伦复背斜(三级)北柳图庙褶皱束(四级)。

本区地质构造复杂,在北柳图庙褶皱束四级构造单元的基础上,本区域尚可确立达拉土明显的次级倒转背斜构造。达拉土倒转背斜分布在区域地质图的南部谷那乌苏以南之达拉土一带,呈北东东向延长约3km,向西倾没。核部出露地层为白乃庙组Qbb^4岩段,两翼地层为Qbb^5岩段。地层倾向多为北北西向,倾角为50°左右。

区域内较大的断裂构造主要有两条:一是产于区域东部的80号断层,呈北东向,全长25km,在本区域地质图范围内长12.5km,断层为逆断层,构造面倾向南东,倾角不详,发育于海西晚期及燕山期花岗岩体中;二是产于区域西部谷那乌苏以南的40号断层,呈近东西向,长5.5km,在东部表现为正断层,在西部性质不明,产于青白口系白乃庙组第五段第一岩性层(Qbb^{5-1})内。余者为一些规模较小的断层,在区域内零星分布,按其产出的方向可分为近东西向、北东向和北西向3组,正断层、逆断层及平移断层均有产出。

区域内地层间存在较大的不整合,说明区域内构造运动主要有加里东期、海西期、燕山期和喜马拉雅期4期。其中以海西期构造变动表现最为强烈,是本区的主要褶皱期。

加里东期和海西期运动在区域内的主要表现是:在区域南北向应力的挤压作用下,形成了一系列东西向的褶皱、逆断层、片理及一些北东向和北西向的小平移断层。构造线的方向均为近东西向。

燕山期运动在区域内的表现以断裂为主。构造线方向变为北东向,并形成了若干北东向的断陷,断陷之间的隆起区由古生代地层及岩体组成,断陷中堆积了新生代的沉积物。

喜马拉雅期运动在区域内主要表现为升降运动及与之伴随的断裂运动。构造线方向逐渐变为北北东向。

纵观区域内的构造运动,一般都反映出继承性和长期活动的特点。

别鲁乌图-白乃庙预测工作区成矿要素见表4-13,成矿模式见图4-15。

表4-13 别鲁乌图-白乃庙预测工作区成矿要素表

区域成矿要素		描述内容	要素分类
地质环境	大地构造位置	内蒙古自治区中部地槽褶皱系,苏尼特右旗晚海西地槽褶皱带,温都尔庙复背斜	重要
	成矿区(带)	阿巴嘎-霍林河铬、铜(金)、锗、煤、天然碱、芒硝成矿带(Ⅲ-7)(Ym);白乃庙-哈达庙铜、金、萤石成矿亚带(Ⅲ-7-⑥)(Pt、Vm-I、Y);别鲁乌图-白乃庙硫、铜、金矿集区(Ⅴ-1)(Pt、Vm-I)	重要
	区域成矿类型及成矿期	与侵入岩体型有关的铜矿床; 成矿期为海西中晚期(早二叠世)	重要
控矿地质条件	赋矿地质体	本巴图组中的变质砂岩、变质粉砂岩	次要
	控矿侵入岩	早二叠世中粗粒石英闪长岩	重要
	主要控矿构造	锡林浩特岩浆弧查干哈达庙褶皱带中的北东向断裂构造中	次要
区内相同类型矿产		已知矿床(点)2处:其中大型矿床1处,中型矿床1处	重要

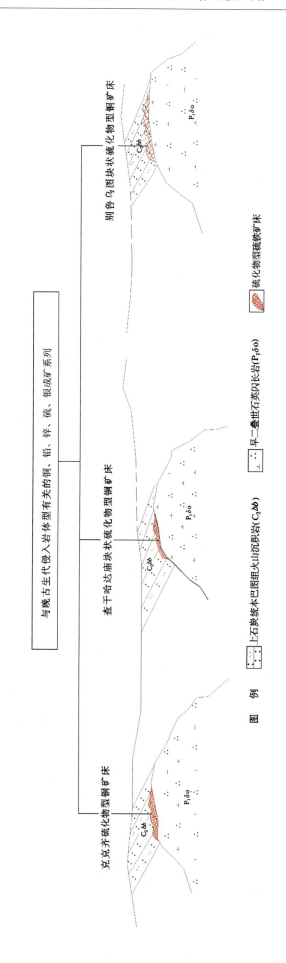

图 4-15 别鲁乌图-白乃庙预测工作区成矿模式图

四、六一-十五里堆预测工作区成矿模式

本预测工作区内广泛分布石炭纪海相陆源碎屑岩和酸性—中酸性火山岩。含矿岩系为上石炭统宝力高庙组绢云母石英片、火山碎屑岩。该套地层显示海相火山喷发-沉积特征。硫铁矿床属火山沉积经热液富集改造复合型,矿源层形成于沉积期,应属还原环境下的海底火山喷发-沉积建造。

区内大面积出露的中生代火山岩,基本上是与北东向的构造有着成生联系,各期的火山岩层倾角多在 10°～15°之间,很少超过 25°,而且显示单斜构造或与火山机构有关,这说明中生代地层没有发生褶皱作用,反映了陆台区构造的基本特点。断裂活动较强,以北东向断裂为主,其次为北西向和近南北向断裂。

(1)北东向断裂:以根河大断裂为代表,沿根河河谷发育,是区内一条主干断裂。从卫星照片上看,根河河谷比较平直,而且南、北两侧山脉走向不同,南侧多为北西向而北侧多为北东向或南北向。河谷两侧均发育一系列断层三角面,局部可见宽 200m 的破碎带。从几乎覆盖全图的溢流相玄武岩的最大厚度沿断裂分布来看,显然根河断裂是形成玄武岩的通道,同时说明其产生时间应早于中侏罗世。晚侏罗世火山口、次火山岩体及早白垩世断陷盆地沿该断裂带发育,说明了根河深断裂的活动区间和继承性。至于断裂的性质问题,由于漫长的地质时期和多次的构造变动,较难确定,但从断裂较平直、倾角陡、中生代又没有大的褶皱等来看,应为一条张性断裂。围绕着这条主干断裂两侧发育一些同向的、大小不等的断裂,其性质仍以高角度的张性断裂占优势,构成区内主要断裂系统。

(2)北西向断裂:以那尔莫格其浑迪断裂为代表,沿断裂发育断层三角面、断层泉及断层山,平行断裂发育串珠状山脊,其性质主要显张性,倾向北东,倾角 66°～85°。与之平行的还有一些同方向次级断裂和脉岩,北西向断裂多切割北东向断裂。

(3)近南北向断裂:主要表现为一些近南北向的沟谷和脉岩,规模均较小,可能属北东向或北西向断裂的分支断裂。

含矿岩石的原岩属英安质的凝灰岩,后经动力变质作用而形成糜棱岩和千糜岩类。早期阶段,随着海底火山喷发后期和硫铁矿沉积的同时,伴随着大量火山碎屑物质和陆源碎屑的沉积,从而形成了火山碎屑熔岩与沉积碎屑岩之夹层。由于火山喷发强度减弱,必然促使碎屑物质沉积加速,致使火山碎屑熔岩与凝灰岩类呈过渡关系。晚期阶段,随着区域抬升活动,伴随而来的区域性变质作用,使火山熔岩遭受了轻微的区域变质作用。由于原岩的物质成分不同,虽然受同一程度的变质作用,但其变质深度却有差异,凝灰熔岩中的沉积岩层相应趋变成片岩、千枚岩或板岩,而凝灰岩趋变成具片理。由于熔岩中碎屑物质含量由少到多,片理则由不发育至发育,最后成为片岩,构成凝灰熔岩与片岩的过渡关系。

六一-十五里堆预测工作区成矿要素见表 4-14,成矿模式见图 4-16。

表 4-14 六一-十五里堆预测工作区成矿要素表

区域成矿要素		描述内容	要素分类
特征描述		海相火山岩型硫铁矿床	
地质环境	大地构造位置	天山-兴蒙造山系(Ⅰ),大兴安岭弧盆系(Ⅰ-1),海拉尔-呼玛弧后盆地(Ⅰ-1-3)(Pz)	重要
	成矿区(带)	位于滨太平洋成矿域(Ⅰ-4),大兴安岭成矿省(Ⅱ-12),新巴尔虎右旗-根河(拉张区)铜、钼、铅、锌、金、萤石、煤(铀)成矿带(Ⅲ-5),陈巴尔虎旗-根河(拉张区)金、铁、锌、萤石成矿亚带(Ⅲ-5-②)(Cl、Ym-Ⅰ、Ym),谢尔塔拉-六一硫铁矿集区(Ⅴ-1)(Vm)	必要
	成矿环境	中晚泥盆世的裂隙式火山喷发富碱质酸性熔浆喷溢的第Ⅱ、Ⅲ两个阶段的连续间歇期内	重要
	含矿岩系	安山质-英安质凝灰岩,后经变质作用而形成绢云石英片岩	重要
	成矿时代	石炭纪	重要

续表 4-14

区域成矿要素特征描述		描述内容	要素分类
		海相火山岩型硫铁矿床	
矿床特征	矿体形态	透镜状、似层状	次要
	岩石类型	宝力高庙组绢云母石英片岩段	重要
	岩石结构	斑状变晶结构，基质为粒状变晶结构	次要
	矿物组合	矿石矿物：黄铁矿、磁黄铁矿、闪锌矿、方铅矿等； 脉石矿物：白云石、方解石、石英、透闪石、钾长石、电气石等	重要
	结构构造	矿石结构：自形粒状结构、他形粒状结构、交代溶蚀结构、碎裂结构； 矿石构造：块状、浸染状、条带状、脉状、角砾团块状构造	次要
	蚀变特征	绢云母化、硅化、黄铁矿化、绿泥石化、绿帘石化	次要
	控矿条件	矿体严格受北东向区域构造的控制，产于石炭纪火山岩系中，直接赋存在中酸性火山凝灰岩与凝灰质熔岩中，后经区域变质作用和动力变质作用而趋化为绢云母片岩	必要
区内相同类型矿产		成矿区带内有 2 个中型矿床	重要

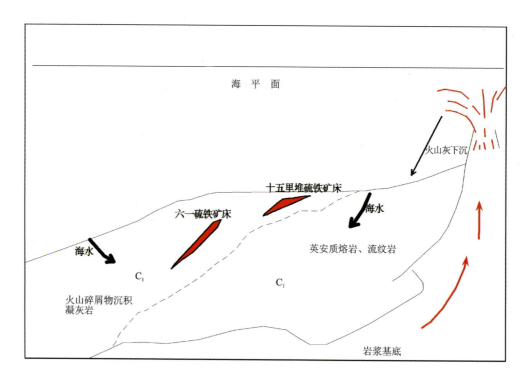

图 4-16　六一-十五里堆预测工作区成矿模式图

五、朝不楞-霍林河预测工作区成矿模式

1. 构造对成矿的控制作用

预测工作区在晚古生代时期，西伯利亚板块北缘在向南东增生过程中，与海相沉积作用同时为矿床

的形成提供大量的矿源,为该时期成矿创造了条件。

区域上北东向断裂是花岗岩浆上涌侵位的通道。而与其有成生联系的次级断裂或裂隙构造带往往就是成矿物质沉淀定位的空间。另一方面,这些深断裂构造带具有活动时间长的特点,所以在其一侧或两旁常分布形成不同期次的铁多金属矿床。

2. 地层对成矿的控制作用

该类矿床地层对成矿的控制作用尤为重要,可以说起了决定性的作用,是成矿的必要条件。

预测工作区的含矿地层为中上泥盆统塔尔巴格特组,该组地层是在早古生代含铁建造的基底上接受沉积的,早古生代沉积在提供物质来源的同时也提供了大量的成矿物质,为该地层成矿初始富集奠定了基础,在后期变形变质作用、混合岩化作用、岩浆作用下,即有可能富集成矿。

3. 岩体对成矿的控制作用

该类型矿床为矽卡岩矿床,矿体主要分布于中上泥盆统塔尔巴格特组与侏罗纪花岗岩的外接触带。因此侏罗纪花岗岩的存在是矿床形成的重要条件,岩体一方面为成矿提供成矿流体和成矿物质,另一方面提供热液在围岩中淬取、活化成矿物质、提高成矿流体中成矿元素的浓度而有利于成矿物质的沉淀、富集,形成有经济价值的工业矿体。

朝不楞-霍林河预测工作区成矿要素见表 4-15,区域成矿模式和典型矿床成矿模式类似(图 4-7)。

表 4-15 朝不楞-霍林河预测工作区成矿要素表

区域成矿要素		描述内容	要素分类
特征描述		岩浆热液型伴生硫铁矿床	
地质环境	大地构造位置	天山-兴蒙造山系(Ⅰ)、大兴安岭弧盆系(Ⅰ-1)、扎兰屯宝山岛弧(Ⅰ-1-4)	重要
	成矿区(带)	滨太平洋成矿域(Ⅰ-4),大兴安岭成矿省(Ⅱ-12),东乌珠穆沁旗-嫩江(中强挤压区)铜、钼、铅、锌、金、钨、锡、铬成矿带(Ⅲ-6),朝不楞-博克图钨、铁、锌、铅成矿亚带(Ⅲ-6-②)	必要
	成矿环境	矿床形成于燕山早期花岗岩体与中上泥盆统塔尔巴格特岩组下岩段老地层的外接触带内	重要
	含矿岩体	黑云母花岗岩	必要
	成矿时代	侏罗纪(燕山早期)	必要
矿床特征	矿体形态	矿体呈扁豆状、条带状及豆荚状形式产出	重要
	岩石类型	石英绢云母片岩、砂质板岩、大理岩、变质粉砂岩、黑云母花岗岩、石英闪长岩、闪长岩及其派生脉岩	重要
	岩石结构	碎屑结构、变晶结构、细粒结构	次要
	矿物组合	矿石矿物:磁铁矿、赤铁矿、褐铁矿、闪锌矿、黄铜矿; 脉石矿物:钙铁榴石、透辉石、石英、斜长石、阳起石	重要
	结构构造	矿石结构:交代网格状结构、晶架状结构; 矿石构造:致密块状、浸染状构造	次要
	蚀变特征	矽卡岩化、阳起石化	次要
	控矿条件	①古生界中上泥盆统塔尔巴格特组下岩段; ②北东向断裂构造; ③燕山期黑云母花岗岩体	必要
区内相同类型矿产		成矿区带内有1个中型矿床	重要

六、拜仁达坝-哈拉白旗预测工作区成矿模式

在前中生代,大兴安岭西坡地区由于西伯利亚板块和华北板块的相向挤压作用,形成了北东向和近东西向的大构造带。大量的岩浆沿上地幔北东向、近东西向的深大断裂上侵,将大量的深部成矿元素带到地壳浅部,形成了含丰富成矿物质的二叠纪基底地层。同时,在本矿区形成了受北东向构造控制的海西期石英闪长岩及其后同样受北东向构造控制成群分布的辉绿辉长岩脉、岩株等。到了二叠纪末期(燕山期早期),本区受到太平洋板块北西向的挤压,中生代强烈的构造-岩浆活动使先前形成的构造复活、发展,大量形成于海西期的区域性北东向构造控制的燕山期岩浆上侵。在岩浆上侵的过程中,部分熔融了富含成矿物质的基底地层。天水被岩浆活动晚期上侵的霏细岩脉加热,与深源的岩浆水混合,参加对流循环,沿着该北东向断裂配套的燕山期近东西向压扭性和北西向张性次级断裂向外运移,同时与围岩中的基性岩脉、岩墙、岩株等发生交代反应并淋滤萃取其中的成矿物质,在较封闭、还原的环境下,银、铅、锌以氯络合物的形式搬运。在成矿热液运移的后期,大量的天水加入,使成矿的物理化学条件发生改变,在断裂构造和裂隙中沉淀,充填、交代成矿。由于中生代构造-岩浆活动的多阶段性,还有岩浆不断上侵,造成多期次的成矿作用。在矿体完全形成以后,矿区的中部出现了北东向断裂继续活动产生的北西向断裂,将矿床分为东、西两个矿区,破坏了东西两个矿区地貌、岩体、矿体等的协调性。东矿区被抬升,剥蚀较强烈;西矿区矿体埋深较大,并且两个矿区的矿体在地表产生了"平面效应"。

区域成矿要素见表4-16,成矿模式见图4-17。

表4-16 拜仁达坝-哈拉白旗预测工作区成矿要素表

区域成矿要素		描述内容	要素分类
特征描述		岩浆热液型伴生硫铁矿床	
地质环境	大地构造位置	天山-兴蒙造山系,锡林浩特岩浆弧,锡林浩特复背斜东段	重要
	成矿区(带)	位于滨太平洋成矿域(Ⅰ-4),大兴安岭成矿省(Ⅱ-12),林西-孙吴铅、锌、铜、钼、金成矿带(Ⅲ-8)(Vl,Il,Ym),索伦镇-黄岗铁(锡)、铜、锌成矿亚带(Ⅲ-8-①),拜仁达坝-哈拉白旗铜、铅、锌、硫矿集区(Ⅴ-1)(V)	必要
	成矿环境	北东向区域构造控制海西期石英闪长岩的分布,同时控制矿带的展布,而北北西和近东西向的张性构造是矿区内的主要控矿构造	必要
	含矿岩体	海西期石英闪长岩体	必要
	成矿时代	海西期	必要
矿床特征	矿体形态	脉状	次要
	岩石类型	海西期石英闪长岩	重要
	岩石结构	花岗结构	重要
	矿物组合	为磁黄铁矿、方铅矿、铁闪锌矿、毒砂、黄铁矿、银黝铜矿、黄铜矿等,其次还有闪锌矿、辉银矿、自然银、黝锡矿、硫锑铅矿、胶状黄铁矿、铅矾、褐铁矿、孔雀石等矿物	重要
	结构构造	矿石结构:半自形粒状结构、他形粒状结构、骸晶结构、交代结构、固溶体分离结构、碎裂结构; 矿石构造:条带状构造、网脉状构造、块状构造、浸染状构造,其次为斑杂状构造和角砾状构造	次要

续表4-16

区域成矿要素		描述内容	要素分类
特征描述		岩浆热液型伴生硫铁矿床	
矿床特征	蚀变特征	硅化、白云母化、绢云母化、绿泥石化、碳酸盐化、高岭土化，其次还可见绿帘石化及叶蜡石化等。其中与Ag、Pb、Zn矿化关系密切的是硅化、绿泥石化、绢云母化	次要
	控矿条件	①海西期石英闪长岩体；②近东西向压扭性断裂构造，北西向张性断裂构造	必要
区内相同类型矿产		成矿区带内有4个银铅锌矿床(点)，包括拜仁达坝中型矿床	重要

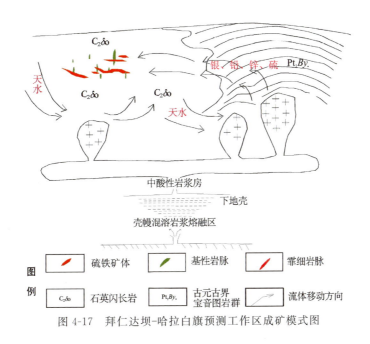

图4-17 拜仁达坝-哈拉白旗预测工作区成矿模式图

七、驼峰山-孟恩陶力盖预测工作区成矿模式

1. 构造对成矿的控制作用

该构造仅见于老房身—龙头山一带，称之为老房身-驼峰山-龙头山背斜。背斜轴呈NE42°方向展布，轴部为中石炭世大理岩，两翼为下二叠统大石寨组中基性—中酸性火山岩。背斜两翼有黄铁矿体(化)出露，尤其是北翼更为集中。预测工作区即位于背斜中段北翼。

本区断裂构造以北东—北东东向最为发育，东西向次之，北西向断裂规模较小。北东—北东东向断裂以黄岗-甘珠尔庙断裂带最大，呈北东向纵贯全区，该断裂带发生于二叠纪，活跃于中生代，它不仅控制着早二叠世海槽的沉积相、中生代的断裂边界和花岗岩带的展布，同时控制硫多金属矿床的分布。

2. 地层对成矿的控制作用

与硫铁矿床形成直接相关的火山岩建造为大石寨组流纹质凝灰岩建造，主要岩性为流纹质凝灰岩；英安质凝灰岩建造，主要岩性为英安质凝灰岩；安山岩夹凝灰质砂岩建造，主要岩性为安山岩夹凝灰质砂岩。建造总厚度1120m，火山喷发旋回为大石寨旋回，岩石成因类型为壳幔混合源。

驼峰山-孟恩陶力盖预测工作区成矿要素见表4-17，成矿模式见图4-18。

表 4-17 驼峰山-孟恩陶力盖预测工作区成矿要素表

区域成矿要素		描述内容	要素分类
特征描述		海相火山岩型硫铁矿床	
地质环境	大地构造位置	天山-兴蒙造山系（Ⅰ）、大兴安岭弧盆系（Ⅰ-1）、锡林浩特岩浆弧（Ⅰ-1-6）	重要
	成矿区（带）	滨太平洋成矿域(叠加在古亚洲成矿域之上)（Ⅰ-4），大兴安岭成矿省（Ⅱ-12），林西-孙吴铅、锌、铜、钼、金成矿带（Ⅲ-8）（Vl、Il、Ym），莲花山-大井子铜、银、铅、锌成矿亚带（Ⅲ-8-③）（Ⅰ、Y）	重要
	成矿环境	浅海相	重要
	含矿岩系	矿体赋存于下二叠统大石寨组火山岩地层中，主要岩性为晶屑凝灰岩、凝灰岩	必要
	成矿时代	二叠纪	必要
矿床特征	矿体形态	矿体呈层状、透镜状	重要
	岩石类型	晶屑凝灰岩、流纹质凝灰岩	必要
	岩石结构	晶屑结构、斑状结构	次要
	矿物组合	黄铁矿、黄铜矿、石英、绢云母	重要
	结构构造	矿石结构：自形—半自形粒状、他形粒状结构；矿石构造：块状构造	次要
	蚀变特征	黄铁矿化、硅化	次要
	控矿条件	矿体主要受到下二叠统大石寨组火山岩控制，具较强的黄铁矿化，岩性主要以晶屑凝灰岩、流纹质晶屑凝灰岩为主	必要
区内相同类型矿产		成矿区（带）内有 1 个中型矿床	重要

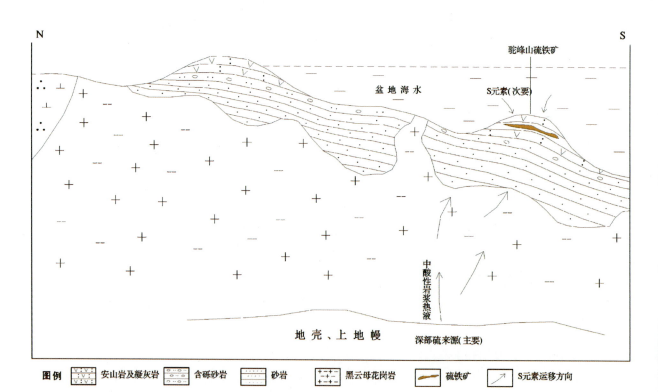

图 4-18 驼峰山-孟恩陶力盖预测工作区成矿模式图

第五章　硫铁矿预测成果

第一节　预测方法类型及预测模型区选择

一、预测方法类型选择

内蒙古自治区已知硫铁矿，按矿产预测类型可划分为沉积变质型硫铁矿床、沉积型硫铁矿床、岩浆热液型硫铁矿床、海相火山岩型硫铁矿床，其中以沉积变质型硫铁矿床为主。

根据对各个典型矿床的研究，结合预测工作区大地构造环境、主要控矿因素、成矿作用特征等，综合已知矿床的矿产预测类型，确定预测方法类型采用沉积变质型、沉积型、侵入岩体型、复合内生型和火山岩型5类（表5-1）。

表5-1　内蒙古自治区硫矿预测方法类型划分一览表

序号	预测方法类型	预测工作区	预测底图
1	沉积变质型	东升庙-甲生盘沟预测工作区	变质建造构造图
2	沉积型	房塔沟-榆树湾预测工作区	沉积建造构造图
3	复合内生型	朝不楞-霍林河预测工作区	侵入岩建造构造图
4	侵入岩体型	别鲁乌图-白乃庙预测工作区	
5		拜仁达坝-哈拉白旗预测工作区	
6	火山岩型	六一-十五里堆预测工作区	火山岩性岩相构造图
7		驼峰山-孟恩陶力盖预测工作区	

其中，采用东升庙硫铁矿、炭窑口硫铁矿、山片沟硫铁矿、榆树湾硫铁矿、别鲁乌图硫铁矿、六一硫铁矿、朝不楞伴生硫铁矿、拜仁达坝伴生硫铁矿、驼峰山硫铁矿9个矿床作为典型矿床研究，其余矿床作为预测工作区中的已知矿床，在资源量估算时采用其含矿率。

此次预测工作结合内蒙古自治区硫铁矿地质矿产工作程度等因素，按矿产预测方法类型，以及编制的预测底图、成矿要素图、预测要素图为基础，进行信息转换，将预测要素转换为预测信息让计算机识别，然后进行预测工作区圈定和预测资源量估算。由于缺少大比例尺物、化、遥自然重砂等信息资料，因此采用MRAS矿产资源GIS评价系统中少预测模型工程，利用地质单元法进行定位预测。主要内容包括已有硫铁矿的矿产地资料、1∶5万及更大比例尺的硫铁矿区域远景调查及硫铁矿区地质普查-勘探资料综合而成,资料截止日期为2009年底。部分资料采用最新的质量较高的勘查资料。

预测方法分为定位预测和定量预测。

二、预测模型区选择

根据全国矿产资源潜力评价项目办公室《预测资源量估算技术要求》(2010年补充)以及2010年12月11日下发的《脉状矿床预测资源量估算方法的意见》,选择各个预测工作区典型矿床或预测工作区内具有代表性的已知矿床所在的最小预测区作为模型区。模型区是在预测底图上,经 MARS 软件定位预测后,再根据含矿矿体、含矿构造的分布范围手工优化圈定。

第二节 预测模型与预测要素

以东升庙硫铁矿、炭窑口硫铁矿、山片沟硫铁矿、榆树湾硫铁矿、别鲁乌图硫铁矿、六一硫铁矿、朝不楞伴生硫铁矿、拜仁达坝伴生硫铁矿、驼峰山硫铁矿9个典型矿床所在的预测工作区为例进行阐述。

一、东升庙-甲生盘预测工作区

(一)典型矿床预测模型

1. 东升庙硫铁矿

由于东升庙矿区没有大比例尺物探资料,只能以典型矿床成矿要素为基础,综合研究重力、航磁等致矿信息,总结典型矿床预测要素表(表5-2)。

表5-2 东升庙硫铁矿典型矿床预测要素表

预测要素		内容描述		要素分别
储量		$21\ 308\times10^4\ t$	平均品位　　21.07%	
特征描述		海底喷流-沉积(层控)硫铁矿床		
地质环境	构造背景	华北陆块北缘的狼山-渣尔泰山中新元古代裂谷		重要
	成矿环境	渣尔泰山群二岩组的(含粉砂)碳质泥岩-碳酸盐岩建造,条带状碳质石英岩富铜,白云质灰岩、硅质条带结晶灰岩富硫,碳质板岩富铅锌,该层位相当于区域上渣尔泰山群增隆昌组上部和阿古鲁沟组		必要
	含矿岩系	渣尔泰山群增隆昌组石墨白云石大理岩及阿古鲁沟组含碳白云质泥灰岩		必要
	成矿时代	中新元古代		必要

续表 5-2

预测要素		内容描述			要素分别
储量		$21\,308\times10^4$ t	平均品位	21.07%	
特征描述		海底喷流-沉积（层控）硫铁矿床			
矿床特征	矿体形态	层状、似层状、透镜状			重要
	岩石类型	（含粉砂）碳质泥岩-碳酸盐岩建造，其中普遍发育有喷气成因的燧石夹层或条带			重要
	岩石结构	变余泥质结构			次要
	矿物组合	矿石矿物：黄铁矿、磁黄铁矿、闪锌矿、方铅矿、黄铜矿、磁铁矿等； 脉石矿物：白云石、绢云母、黑云母、石英、长石、方解石、石墨、重晶石、电气石、磷灰石、透闪石等			重要
	结构构造	矿石结构：半自形—他形粒状、自形粒状结构为主，其次有包含结构、充填结构、溶蚀结构、斑状变晶结构、固溶体分离结构、反应边结构、压碎结构等； 矿石构造：条纹—条带状构造、块状构造、浸染状构造、细脉浸染状构造、角砾状构造、凝块状构造、鲕状—结核状构造、定向构造等			次要
	蚀变特征	与矿化关系密切的蚀变有黑云母化、绿泥石化和碳酸盐化在含矿层及其上下盘围岩中均有发育，如电气石化、碱性长石化、绿泥石化、绿帘石化、黝帘石化、碳酸盐化、硅化等。其中最具特征的是下盘的电气石化，分布广泛，属层状蚀变，成分为镁电气石或镁电气石与铁电气石过渡种属，与海底喷气有关			必要
	控矿条件	华北地台北缘断陷海槽控制着硫多金属成矿带（南带）的分布范围和含矿特征，其中的二级断陷盆地控制着一个或几个矿田的分布范围和含矿特征，三级断陷盆地则控制着矿床的分布范围和含矿特征			必要
地球物理特征	重力异常	东升庙海相火山喷流沉积型铅锌矿床位于北东向局部重力低异常的北西侧的等值线密集带上，该局部重力低异常最小值 $\Delta g_{min}=-228.47\times10^{-5}$ m/s^2，重力低异常异常幅度约 80×10^{-5} m/s^2，推断重力低异常带是临河中新生代盆地所致			次要
	磁法异常	据1:1万地磁平面等值线图显示，磁异常呈条带形，走向东西，极值达1300nT。据1:1万电法等值线图显示，矿点处于低阻高极化异常上，推测异常属于矿致异常			重要

典型矿床预测模型图的编制，以矿区典型剖面线为基础，叠加物探剩余重力剖面图形成（图 5-1）。

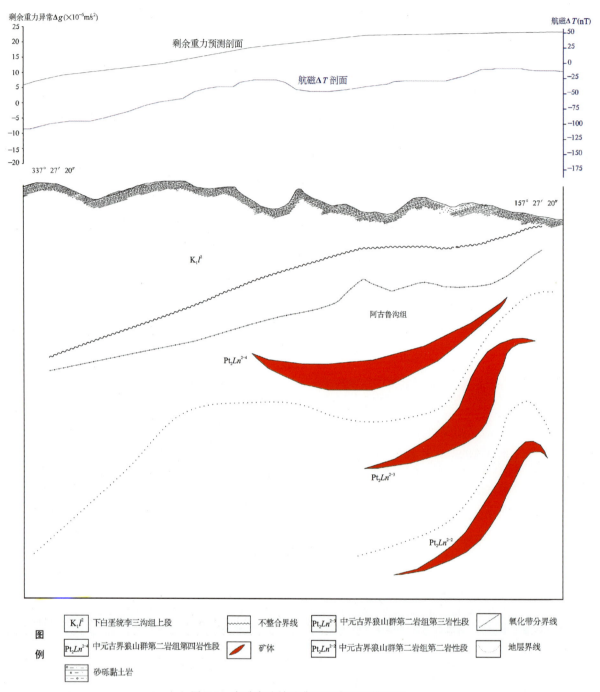

图 5-1 东升庙硫铁矿典型矿床预测模型图

2. 炭窑口硫铁矿

由于炭窑口矿区没有大比例尺物探资料,只能根据典型矿床成矿要素,综合研究重力、航磁等致矿信息,总结典型矿床预测要素表(表 5-3)。

表 5-3 炭窑口硫铁矿典型矿床预测要素表

预测要素		内容描述		要素类别
储量		6865.33×10^4 t	平均品位 27.10%	
特征描述		沉积变质型层控(锌)硫铁矿床		
地质环境	构造背景	属华北地台内蒙地轴北缘白云鄂博边缘凹陷,天山阴山东西向巨型复杂构造带中段的狼山-渣尔泰山东西构造带与阿拉善反射弧东翼的复合部位		重要
	成矿环境	潮坪相环境的沉积,泥岩、细碎屑岩沉积后受轻微改造的层控矿床		必要
	含矿岩系	渣尔泰山群阿古鲁沟组含碳白云质泥灰岩中		必要
	成矿时代	长城纪—青白口纪		必要
矿床特征	矿体形态	层状、似层状		次要
	岩石类型	渣尔泰山群阿古鲁沟组含碳白云质灰岩、含碳砂质板岩、碳质板岩		重要
	岩石结构	变余泥质结构、微细粒变晶结构		次要
	矿物组合	矿石矿物:黄铁矿、磁黄铁矿、闪锌矿、方铅矿等; 脉石矿物:白云石、方解石、石英、透闪石、钾长石、电气石等		重要
	结构构造	矿石结构:他形粒状结构、变胶状结构、自形—半自形粒状结构、碎裂结构; 矿石构造:条带状、条纹状、浸染状、块状、斑杂状构造		次要
	蚀变特征	褐铁矿化		重要
	控矿条件	华北地台北缘断陷海槽控制着硫多金属成矿带(南带)的分布范围和含矿特征,其中的二级断陷盆地控制着一个或几个矿田的分布范围和含矿特征,三级断陷盆地则控制着矿床的分布范围和含矿特征		必要
地球物理特征	重力异常	矿床位于北东向局部重力低异常的西北侧的等值线密集带上,该局部重力低异常最小值 $\Delta g_{min}=-175.54\times10^{-5}$ m/s² ,处于重力梯度带边缘		重要
	磁法异常	磁异常呈条带形,走向东西,极值达 1100nT		重要

典型矿床预测模型图的编制,以矿区典型剖面线为基础,叠加物探剩余重力剖面图形成(图 5-2)。

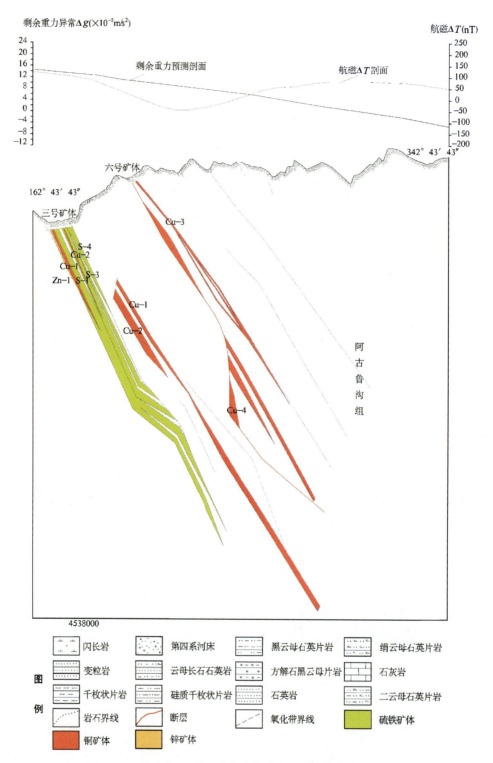

图 5-2 炭窑口硫铁矿典型矿床预测模型图

3. 山片沟硫铁矿

由于山片沟矿区没有大比例尺物探资料,只能根据典型矿床成矿要素,综合研究重力、航磁等致矿信息,总结典型矿床预测要素表(表 5-4)。

表 5-4 山片沟硫铁矿典型矿床预测要素表

预测要素		内容描述			要素类别
储量		12 564.58×10⁴t	平均品位	19.59%	
特征描述		沉积变质型层控(锌)硫铁矿床			
地质环境	构造背景	属华北地台内蒙地轴北缘白云鄂博边缘凹陷,天山阴山东西向巨型复杂构造带中段的狼山-渣尔泰山东西向构造带与阿拉善反射弧东翼的复合部位			重要
	成矿环境	潮坪相环境的沉积,泥岩、细碎屑岩沉积后受轻微造的层控矿床			必要
	含矿岩系	渣尔泰山群阿古鲁沟组含碳白云质泥灰岩中			必要
	成矿时代	长城纪—青白口纪			必要
矿床特征	矿体形态	层状、似层状			重要
	岩石类型	渣尔泰山群阿古鲁沟组含碳白云质灰岩、含碳砂质板岩、碳质板岩			重要
	岩石结构	变余泥质结构、微细粒变晶结构			次要
	矿物组合	矿石矿物:黄铁矿、磁黄铁矿、闪锌矿、方铅矿等;脉石矿物:白云石、方解石、石英、透闪石、钾长石、电气石等			重要
	结构构造	矿石结构:他形粒状结构、变胶状结构、自形—半自形粒状结构、碎裂结构;矿石构造:条带状、条纹状、浸染状、块状、斑杂状构造			次要
	蚀变特征	褐铁矿化			必要
	控矿条件	①渣尔泰山群阿古鲁沟组(Jxa);②北东向复背斜构造			必要
地球物理特征	重力异常	矿床位于剩余重力局部重力低异常的东南侧的等值线密集带上,该局部重力极大值变化范围为(−21.55~26)×10⁻⁵m/s²			次要
	磁法异常	磁异常呈条带形,走向东西,极值达800nT,推测异常属于矿致异常			重要

典型矿床预测模型图的编制,以矿区典型剖面线为基础,叠加物探剩余重力剖面图形成(图5-3)。

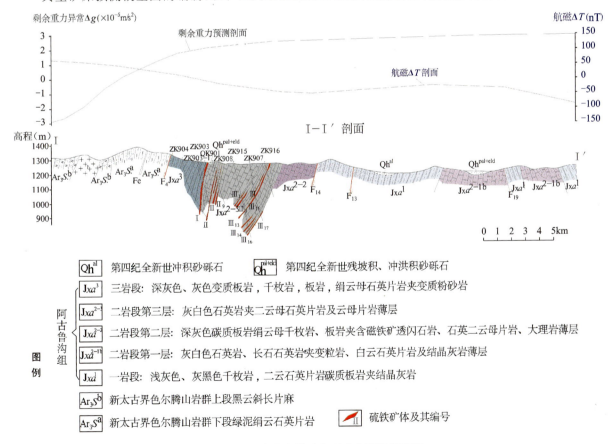

图 5-3 山片沟硫铁矿典型矿床预测模型图

(二)模型区深部及外围资源潜力预测

1. 东升庙硫铁矿

1)典型矿床已查明资源储量及其估算参数

东升庙典型矿床查明资源量、体重及硫品位依据均来源于化学工业部地质勘探公司内蒙古自治区地质勘探大队1992年5月提交的《内蒙古自治区乌拉特后旗东升庙多金属硫铁矿区地质勘探报告》。

查明矿床面积($S_{查}$)是根据1:5000矿区地质略图,在MapGIS软件中读取数据,查明矿体延深($H_{查}$)依据控制矿体最深的00号勘探线剖面图确定,具体数据见表5-5。

表5-5 东升庙硫铁矿典型矿床查明资源量储量表

编号	名称	查明资源储量(t)	查明面积(m^2)	查明延深(m)	品位(%)	体重(t/m^3)	体积含矿率(t/m^3)
1	东升庙硫铁矿	239 078 628	3 748 017	610	21.07	3.73	0.104 57

由表5-5可知该典型矿床体积含矿率=查明资源储量/[查明面积($S_{查}$)×查明延深($L_{查}$)]=239 078 628/(3 748 017×610)=0.104 57(t/m^3)。

2)典型矿床深部和外围预测资源量及其估算参数

根据东升庙矿区00号勘探线剖面图资料,最大控制垂深610m,结合阿古鲁沟组地层厚度及近期内该矿床勘探情况,向下预测200m($H_{预}$),面积采用查明资源储量的矿床面积($S_{查}$)。典型矿床深部预测资源量=查明面积($S_{查}$)×预测延深($H_{预}$)×典型矿床体积含矿率=3 748 017×200×0.104 57=78 386 027(t)。

在矿床外围已知矿体附近含矿建造区,圈定为外围预测工作区,预测面积为$S_{预}$。总预测延深采用已查明延深与预测延深之和($H_{总}=H_{查}+H_{预}$)。典型矿床外围预测资源量=预测面积($S_{预}$)×总预测延深($H_{总}$)×典型矿床体积含矿率=977 721×810×0.104 57=82 814 648(t)(表5-6)。

表5-6 东升庙硫铁矿典型矿床深部和外围预测资源量表

编号	名称	分类	面积(m^2)	延深(m)	体积含矿率(t/m^3)	预测资源量(t)
1	东升庙硫铁矿	深部	3 748 017	200	0.104 57	78 386 027
		外围	977 721	810	0.104 57	82 814 648

2. 炭窑口硫铁矿

1)典型矿床已查明资源储量及其估算参数

炭窑口矿区查明资源量、体重及硫品位依据均来源于冶金工业部华北冶金地质勘探公司五一一队1970年12月提交的《内蒙古自治区潮格旗炭窑口多金属矿区普查评价总结报告》。

查明矿床面积($S_{查}$)是根据1:1万矿区综合地质图,在MapGIS软件中读取数据。查明矿体延深($H_{查}$)依据控制矿体最深的炭窑口矿区一号、三号矿床13号勘探线剖面图确定(图5-4),具体数据见表5-7。

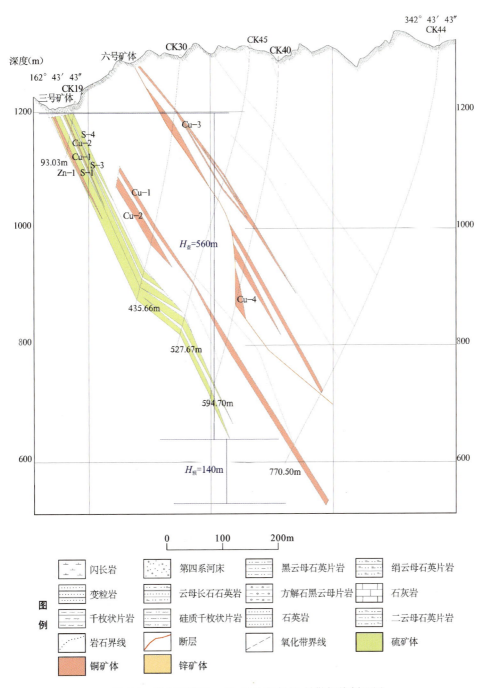

图 5-4 炭窑口矿区一号、三号矿床 13 号勘探线剖面图

表 5-7 炭窑口硫铁矿典型矿床查明资源量储量表

编号	名称	查明资源储量 矿石量(t)	查明面积 (m²)	查明延深 (m)	品位 (%)	体重 (t/m³)	体积含矿率 (t/m³)
1	炭窑口硫铁矿	68 653 300	11 481 467	560	27.10	3.85	0.010 68

由表 5-7 可知,该典型矿床体积含矿率＝查明资源储量/[查明面积($S_查$)×查明延深($H_查$)]＝68 653 300/(11 481 467×560)＝0.010 68(t/m³)。

2)典型矿床深部和外围预测资源量及其估算参数

根据炭窑口矿区一号、三号矿床 13 号勘探线剖面图资料,最大控制垂深 560m,结合阿古鲁沟组地层厚度及近期内该矿床勘探情况,向下预测 140m($H_预$),面积采用查明资源储量的矿床面积($S_查$)。典型矿床深部预测资源量＝查明面积($S_查$)×预测延深($H_预$)×典型矿床体积含矿率＝11 481 467×140×0.010 68＝17 167 089(t)。

在矿床外围已知矿体附近含矿建造区,圈定为外围预测区,面积为 $S_预$。总预测延深采用以查明延深与预测延深之和($H_总＝H_查＋H_预$)。典型矿床外围预测资源量＝预测面积($S_预$)×总预测延深($H_总$)×典型矿床体积含矿率＝2 399 443×700×0.010 68＝17 938 236(t)(表 5-8)。

表 5-8 炭窑口硫铁矿典型矿床深部和外围预测资源量表

编号	名称	分类	面积 (m²)	延深 (m)	体积含矿率 (t/m³)	预测资源量 (t)
1	炭窑口硫铁矿	深部	11 481 467	140	0.010 68	17 167 089
		外围	2 399 443	700	0.010 68	17 938 236

3. 山片沟矿区典型矿床

1)典型矿床已查明资源储量及其估算参数

查明资源量、体重及硫品位依据均来源于内蒙古自治区一〇五地质队 1988 年 6 月提交的《内蒙古乌拉特前旗山片沟硫铁矿区详细普查地质报告》。

查明矿床面积($S_查$)是根据 1∶1 万矿区综合地质略图,在 MapGIS 软件下读取数据,查明矿体延深($H_查$)依据矿区Ⅰ—Ⅰ′纵剖面图确定(图 5-5),具体数据见表 5-9。

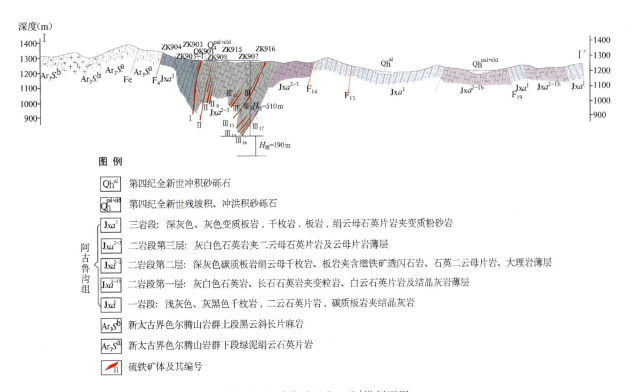

图 5-5　山片沟矿区Ⅰ—Ⅰ′纵剖面图

表 5-9　山片沟硫铁矿典型矿床查明资源量储量表

编号	名称	查明资源储量矿石量(t)	查明面积(m^2)	查明延深(m)	品位(%)	体重(t/m^3)	体积含矿率(t/m^3)
1	山片沟硫铁矿	125 645 800	12 537 296	510	19.59	3.80	0.019 65

由表5-9可知该典型矿床体积含矿率＝查明资源储量/[查明面积($S_{查}$)×查明延深($H_{查}$)]＝125 645 800/(12 537 296×510)＝0.019 65(t/m^3)。

2)典型矿床深部和外围预测资源量及其估算参数

根据山片沟矿区Ⅰ—Ⅰ′纵剖面图资料,最大控制垂深510m,结合阿古鲁沟组地层厚度及近期内该矿床勘探情况,向下预测190m($H_{预}$),面积采用查明资源储量的矿床面积($S_{查}$)。典型矿床深部预测资源量＝查明面积($S_{查}$)×预测延深($H_{预}$)×典型矿床体积含矿率＝12 537 296×190×0.019 65＝46 807 994(t)。

在矿床外围已知矿体附近含矿建造区,圈定为外围预测工作区,预测面积为$S_{预}$。总预测延深采用以查明延深与预测延深之和($H_{总}=H_{查}+H_{预}$)。典型矿床外围预测资源量＝预测面积($S_{预}$)×总预测延深($H_{总}$)×典型矿床体积含矿率＝2 371 001×700×0.019 65＝32 613 119(t)(表5-10)。

表 5-10　山片沟硫铁矿典型矿床深部和外围预测资源量表

编号	名称	分类	面积(m^2)	延深(m)	体积含矿率(t/m^3)	预测资源量(t)
1	山片沟硫铁矿	深部	12 537 296	190	0.019 65	46 807 994
		外围	2 371 001	700	0.019 65	32 613 119

(三)预测工作区预测模型

根据预测工作区区域成矿要素和物探重力、航磁资料,建立了本预测工作区的区域预测要素,并编制预测工作区预测要素图和预测模型图。

区域预测要素图以区域成矿要素图为基础,综合研究重力、航磁等致矿信息,总结区域预测要素表(表5-11),并将综合信息各专题异常曲线或区叠加在成矿要素图上。

根据区域成矿要素和航磁资料以及区域重力资料,建立区域矿床预测要素,编制了区域矿床预测要素图(图5-6)。

表 5-11 东升庙-甲生盘预测工作区预测要素表

区域预测要素		描述内容	要素分类
特征描述		沉积变质型硫铁矿床	
地质环境	大地构造位置	华北陆块区(Ⅱ)、狼山-阴山陆块(Ⅱ-4)、狼山-白云鄂博裂谷带(Ⅱ-4-3)	重要
	成矿区(带)	滨太平洋成矿域(叠加在古亚洲成矿域之上)(Ⅰ-4);华北成矿省(Ⅱ-14);华北地台北缘西段金、铁、铌、稀土、铜、铅、锌、银、镍、铂、钨、石墨、白云母成矿带(Ⅲ-11);狼山-渣尔泰山铅、锌、金、铁、铜、铂、镍成矿亚带(Ⅲ-11-②);炭窑口-东升庙硫、铅、锌、铜矿集区(Ⅴ-1)(Pt)	重要
	成矿环境	潮坪相环境的沉积,沉积后受轻微改造的层控矿床	重要
	含矿岩系	渣尔泰山群增隆昌组石墨白云石大理岩及阿古鲁沟组含碳白云质泥灰岩	重要
	成矿时代	中新元古代	重要
矿床特征	矿体形态	层状、似层状	次要
	岩石类型	普遍发育有喷气成因的燧石夹层或条带	重要
	岩石结构	变余泥质结构	次要
	矿物组合	矿石矿物:黄铁矿、磁黄铁矿、闪锌矿、方铅矿等; 脉石矿物:白云石、绢云母、黑云母、石英、长石	重要
	结构	半自形—他形粒状、自形粒状结构为主	次要
	蚀变特征	褐铁矿化	次要
	控矿条件	①中元古界蓟县系阿古鲁沟组; ②层内裂隙构造及层间滑动裂隙	必要
区内相同类型矿产		6个矿床,其中1处超大型,4处大型,1处中型	重要
地球物理特征	重力异常	剩余重力异常等值线图上,矿床及矿点多分布于重力高值异常区	必要
	磁法异常	矿床多分布于正负磁异常交接带靠正磁异常侧,或负磁异常中的局部正磁异常区,异常值在200~100nT之间	必要

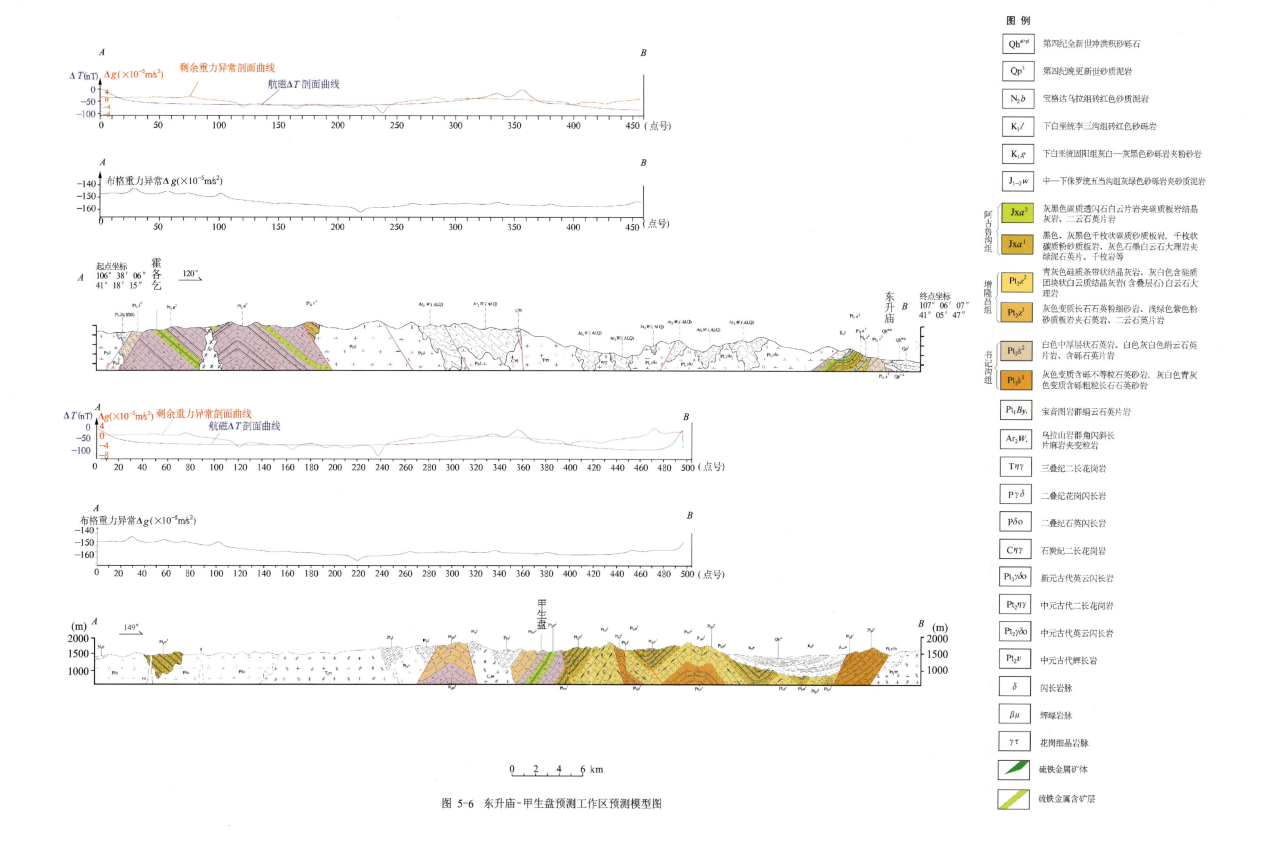

图 5-6 东升庙-甲生盘预测工作区预测模型图

二、房塔沟-榆树湾预测工作区

(一)典型矿床预测模型

由于榆树湾矿区没有大比例尺物探资料，只能根据典型矿床成矿要素，综合研究重力、航磁等综合致矿信息，总结典型矿床预测要素表(表 5-12)。

表 5-12　榆树湾硫铁矿典型矿床预测要素表

预测要素		描述内容		要素分类
储量		89.1×10^4 t	平均品位　　　　38%	
特征描述		沉积型硫铁矿床		
地质环境	构造背景	华北地台鄂尔多斯盆地向斜东缘，山西断隆西缘		重要
	成矿环境	三角洲平原相		重要
	含矿岩系	矿体赋存于上石炭统本溪组底部黏土页岩(铝土页岩)当中。黏土页岩呈厚层状，层理构造，含有结核状、层状黄铁矿晶簇以及星散状斑点黄铁矿，与铝土矿共存		重要
	成矿时代	石炭纪		重要
矿床特征	矿体形态	结核状、层状、透镜状		次要
	岩石类型	铝土页岩、石灰岩		重要
	岩石结构	层状		次要
	矿物组合	矿石矿物:黄铁矿、黄铜矿； 脉石矿物:铝土矿、石膏		重要
	结构构造	矿石结构:结核状结构、层状结构； 矿石构造:层理构造、块状构造		次要
	控矿条件	矿体赋存于上石炭统本溪组底部黏土页岩(铝土页岩)中，硫铁矿与铝土页岩同时生成，区矿构造简单，主要为小的褶皱构造，对矿体控制作用不大		必要
地球物理特征	航磁	硫铁矿处于区域航磁异常的负异常区，异常值高于－240nT，异常起始值在－260～－240nT之间		重要
	重力	硫铁矿所在区域剩余重力异常表现为较平稳的负异常，异常起始值区间值为$(-2\sim-1)\times10^{-5}$m/s²		次要

典型矿床预测模型图的编制，以勘探线剖面图为基础，叠加物探剩余重力剖面图形成(图 5-7)。

(二)模型区深部及外围资源潜力预测

1. 典型矿床已查明资源储量及其估算参数

榆树湾矿区查明资源量来自于截至 2009 年底内蒙古自治区矿产资源储量表，品位及体重依据均来源于内蒙古自治区工业厅地质局 703 队 1956 年 12 月提交的《内蒙古准噶尔旗榆树湾乡浪上黄铁矿初步勘探地质报告》。查明矿床面积($S_{查}$)根据 1:5000 矿区地质略图，在 MapGIS 中量得面积后根据矿层产状换算成斜面积累加获得(图 5-8)；矿体延深($H_{查}$)依据矿体的最大真厚度加以确定，具体数据见表 5-13。

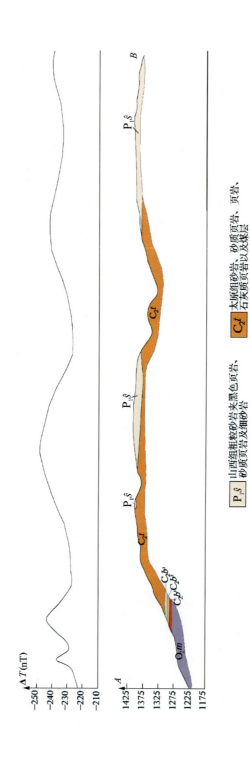

图 5-7 榆树湾硫铁矿典型矿床预测模型图

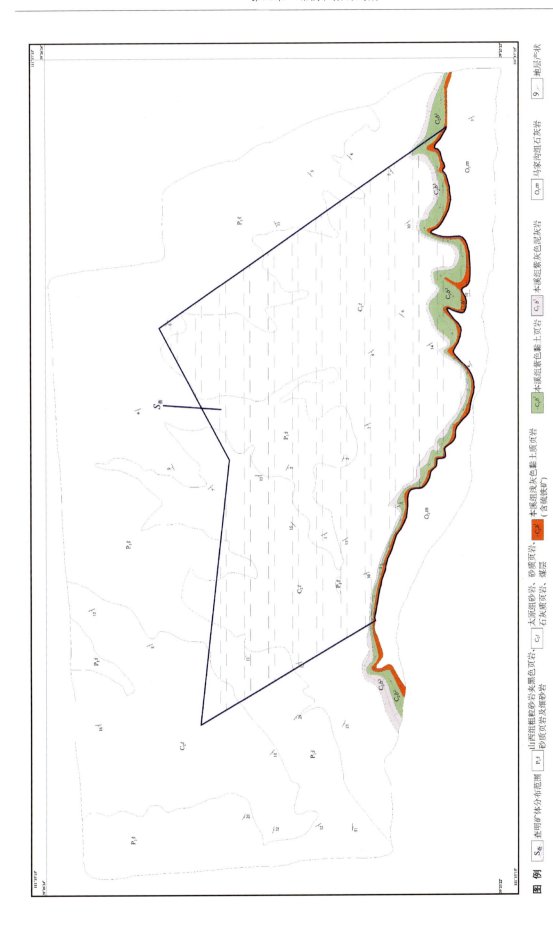

图 5-8 榆树湾硫铁矿区地质略图

由表 5-13 可知,该典型矿床体积含矿率＝查明资源储量/[查明面积($S_{查}$)×查明延深($H_{查}$)]＝891 000/(1 705 950×2.15)＝0.243(t/m³)。

表 5-13　榆树湾硫铁矿典型矿床查明资源量储量表

编号	名称	查明资源储量(t)	查明面积(m²)	查明延深(m)	品位(%)	体重(t/m³)	体积含矿率(t/m³)
1	榆树湾硫铁矿	891 000	1 705 950	2.15	38.00	2.92	0.243

2. 典型矿床深部预测资源量及其估算参数

由于矿体形态受地层控制,而地层产状较倾缓,地层倾角一般均小于 40°,整个勘探中主要以槽探以及浅井为主揭露矿体,并已控制含矿地层的分布埋深,据原报告中叙述,矿床本身已无扩大远景储量的可能。因此,典型矿床深部不予以预测。

在榆树湾硫铁矿区,硫铁矿体的形态、分布已被槽探工程以及部分地下工程所控制,矿体受到地层控制,具有一定的分布规律。矿区内含矿地层本溪组下部的铝土页岩已被工程掌控,在矿床外围没有硫铁矿形成的必要条件,本次矿床外围资源量不予以预测。

(三)预测工作区预测模型

根据预测工作区区域成矿要素和物探重力、航磁资料,建立了本预测工作区的区域预测要素,并编制预测工作区预测要素图和预测模型图。

区域预测要素图以区域成矿要素图为基础,综合研究重力、航磁等致矿信息,总结区域预测要素表(表 5-14),并将综合信息各专题异常曲线或区叠加在成矿要素图上。

表 5-14　房塔沟-榆树湾预测工作区预测要素表

区域预测要素		描述内容	要素分类
特征描述		沉积型硫铁矿床	
地质环境	大地构造位置	华北陆块区(Ⅱ)、鄂尔多斯陆块(Ⅱ-5)、鄂尔多斯陆核(鄂尔多斯盆地)(Ⅱ-5-1)(Mz)	重要
	成矿区(带)	滨太平洋成矿域(叠加在古亚洲成矿域之上)(Ⅰ-4),华北成矿省(Ⅱ-14),山西断隆铁、铝土矿、石膏、煤、煤层气成矿带(Ⅲ-14)	重要
	成矿环境	三角洲平原相	重要
	含矿岩系	矿床赋存于上石炭统本溪组底部铝土页岩中,矿体呈层状、透镜状赋存于铝土页岩中	重要
	成矿时代	石炭纪	重要
矿床特征	矿体形态	矿体呈层状、透镜状	次要
	岩石类型	铝土页岩、石灰岩	重要
	岩石结构	层状	次要
	矿物组合	矿石矿物:黄铁矿、黄铜矿; 脉石矿物:铝土矿、石膏	重要
	结构构造	矿石结构:层状结构; 矿石构造:块状构造	次要
	蚀变特征	褐铁矿化	次要
	控矿条件	矿体赋存于上石炭统本溪组底部铝土页岩中,硫铁矿与铝土矿同时生成,矿体呈层状、透镜状,区内断裂构造不发育,对矿体没有明显的控制作用	必要
区内相同类型矿产		成矿区(带)内有 3 个小型矿床	重要

根据区域成矿要素和航磁资料以及区域重力资料,建立区域矿床预测要素,编制了区域矿床预测要素图(图 5-9)。

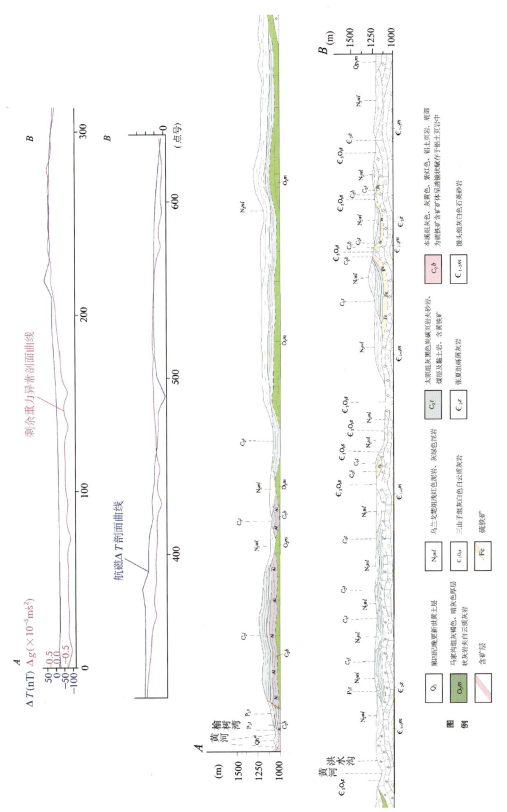

图 5-9 房塔沟-榆树湾预测工作区预测模型图

三、别鲁乌图-白乃庙预测工作区

(一)典型矿床预测模型

由于别鲁乌图矿区没有大比例尺物探资料,只能根据典型矿床成矿要素,综合研究重力、航磁等致矿信息,总结典型矿床预测要素表(表5-15)。

典型矿床预测模型图的编制,以勘探线剖面图为基础,叠加物探剩余重力剖面图形成(图5-10)。

表5-15 别鲁乌图硫铁矿典型矿床预测要素表

预测要素		描述内容		要素分类
储量		$1371.43×10^4$ t	平均品位 22.67%	
特征描述		岩浆期后热液充填交代型脉状硫多金属矿床		
地质环境	构造背景	位于敖汉复向斜的中间部位,捣格郎营子—宝山吐一线的似旋扭构造之反"S"形范围内		重要
	成矿环境	含矿热液来源于地幔,成矿温度由中高温阶段一直持续到低温阶段		必要
	含矿岩系	本巴图组变质砂岩、变质粉砂岩		必要
	成矿时代	二叠纪(海西晚期)		必要
矿床特征	矿体形态	脉状、透镜状、扁豆状		次要
	岩石类型	上石炭统本巴图组(C_2bb)变质粉砂岩、粉砂质板岩		重要
	岩石结构	变余砂状结构、变余泥质结构		次要
	矿物组合	矿石矿物:黄铁矿、磁黄铁矿、黄铜矿、方铅矿、闪锌矿、磁铁矿; 脉石矿物:黑云母、绿泥石、石英、方解石等		重要
	结构构造	矿石结构:自形—半自形粒状结构、他形粒状结构、包含变晶结构、交代溶蚀结构; 矿石构造:块状、细脉浸染状、浸染状、团块状、角砾状构造		次要
	蚀变特征	硅化、滑石化、碳酸盐化、绢云母化、绿泥石化		重要
	控矿条件	①北东向断裂构造; ②上石炭统本巴图组(C_2bb); ③二叠纪(海西晚期)花岗闪长岩侵入体		必要
地球物理特征	重力异常	矿床位于几处局部重力异常交接地带上,布格重力异常值在$-154×10^{-5}$ m/s² 左右。剩余重力正异常带与布格重力异常相对较高地段对应较好		重要
	磁法异常	矿区磁异常为正异常,异常值为 0~100nT。磁异常形状基本和布格重力高低异常区相吻合		重要

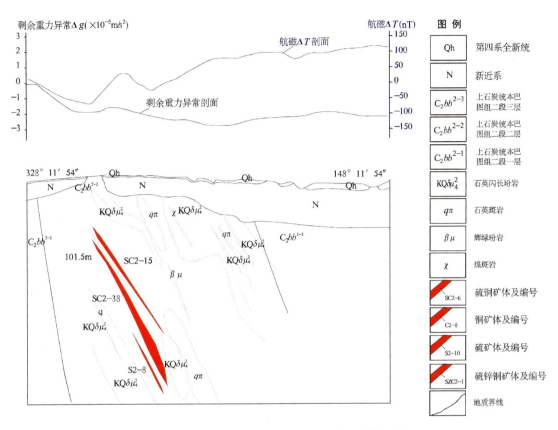

图 5-10 别鲁乌图区硫铁矿典型矿床预测模型图

(二)模型区深部及外围资源潜力预测

1. 典型矿床已查明资源储量及其估算参数

别鲁乌图矿区查明资源量、体重及硫品位依据均来源于苏尼特右旗朱日和铜业有限责任公司 2010 年 4 月提交的《内蒙古自治区苏尼特右旗别鲁乌图矿区(不含原详查 23~31 线)铅锌铜硫矿勘探报告》。

查明矿床面积($S_{查}$)是根据 1∶1 万矿区综合地质略图(图 5-11),在 MapGIS 软件下读取数据;查明矿体延深($H_{查}$)依据控制矿体最深的 21 号勘探线剖面图确定(图 5-12),具体数据见表 5-16。

表 5-16 别鲁乌图硫铁矿典型矿床查明资源量储量表

编号	名称	查明资源储量 (t)	查明面积 (m^2)	查明延深 (m)	品位 (%)	体重 (t/m^3)	体积含矿率 (t/m^3)
1	别鲁乌图硫铁矿	13 714 300	587 500	630	22.67	3.78	0.0371

由表 5-16 可知,该典型矿床体积含矿率=查明资源储量/[查明面积($S_{查}$)×查明延深($H_{查}$)]= 13 714 300/(587 500×630)=0.0371(t/m^3)。

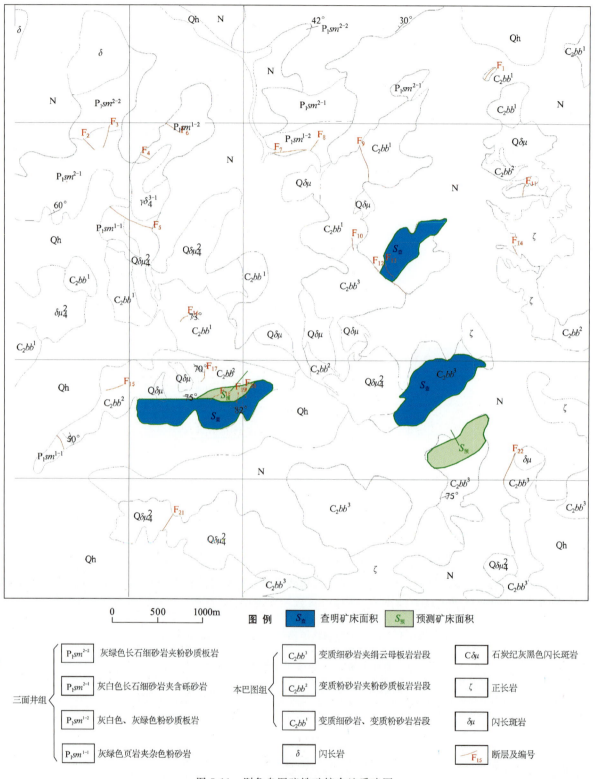

图 5-11 别鲁乌图硫铁矿综合地质略图

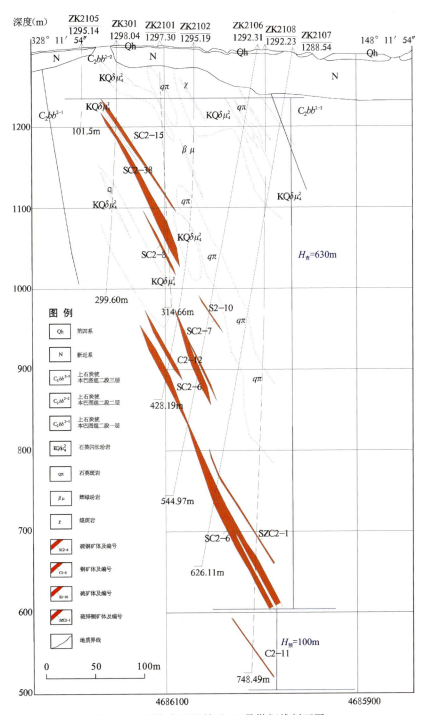

图 5-12 别鲁乌图硫铁矿 21 号勘探线剖面图

2. 典型矿床深部及外围预测资源量及其估算参数

根据别鲁乌图矿区 21 号勘探线剖面图资料,最大控制垂深 630m,在 630m 以下含矿地层仍存在,依据勘查控制基本网度确定预测延深 100m($H_{预}$),面积采用查明资源储量的矿床面积($S_{查}$)。典型矿床深部预测资源量=查明面积($S_{查}$)×预测延深($H_{预}$)×典型矿床体积含矿率=587 500×100×0.0371=2 179 625(t)。

在矿床外围已知矿体附近含矿建造区,圈定为外围预测区,预测面积为 $S_{预}$。总预测延深采用以查明延深与预测延深之和($H_{总}=H_{查}+H_{预}$)。典型矿床外围预测资源量=预测面积($S_{预}$)×总预测延深($H_{总}$)×典型矿床体积含矿率=154 058×730×0.0371=4 172 353(t)(表5-17)。

表 5-17 别鲁乌图硫铁矿典型矿床深部及外围预测资源量表

编号	名称	分类	面积(m²)	延深(m)	体积含矿率(t/m³)	预测资源量(t)
1	别鲁乌图硫铁矿	深部	587 500	100	0.0371	2 179 625
		外围	154 058	730	0.0371	4 172 353

(三)预测工作区预测模型

根据预测工作区区域成矿要素和物探重力、航磁资料,建立了本预测工作区的区域预测要素,并编制预测工作区预测要素图和预测模型图。

区域预测要素图以区域成矿要素图为基础,综合研究重力、航磁等致矿信息,总结区域预测要素表(表5-18),并将综合信息各专题异常曲线或区叠加在成矿要素图上。

表 5-18 别鲁乌图-白乃庙预测工作区预测要素表

区域预测要素		描述内容	要素分类
地质环境	大地构造位置	内蒙古自治区中部地槽褶皱系,苏尼特右旗海西晚期地槽褶皱带,温都尔庙复背斜	重要
	成矿区(带)	阿巴嘎-霍林河铬、铜(金)、锗、煤、天然碱、芒硝成矿带(Ⅲ-7)(Ym);白乃庙-哈达庙铜、金、萤石成矿亚带(Ⅲ-7-⑥)(Pt、Vm-1、Y);别鲁乌图-白乃庙硫、铜、金矿集区(Ⅴ-1)(Pt、Vm-1)	重要
	区域成矿类型及成矿期	与海相火山沉积岩系有关的沉积型铜矿床;成矿期为海西中晚期(早二叠世)	重要
控矿地质条件	赋矿地质体	本巴图组中的变质砂岩、变质粉砂岩	次要
	控矿侵入岩	早二叠世中粗粒石英闪长岩	重要
	主要控矿构造	锡林浩特岩浆弧查干哈达庙褶皱带中的北东向断裂构造	次要
区内相同类型矿产		已知矿床(点)2 处,其中大型矿床 1 处,中型矿床 1 处	重要
地球物理特征	重力异常	据 1:20 万剩余重力异常图显示,重力异常呈条带形,走向东西,正异常极值 10.5m/s²,负异常极值 -10.2m/s²	重要
	磁法异常	据 1:50 万航磁平面等值线图显示,磁场整体表现为低缓的负异常,在区域的中部存在串珠状正异常	次要

根据区域成矿要素和航磁资料以及区域重力资料,建立区域矿床预测要素,编制了区域矿床预测要素图(图 5-13)。

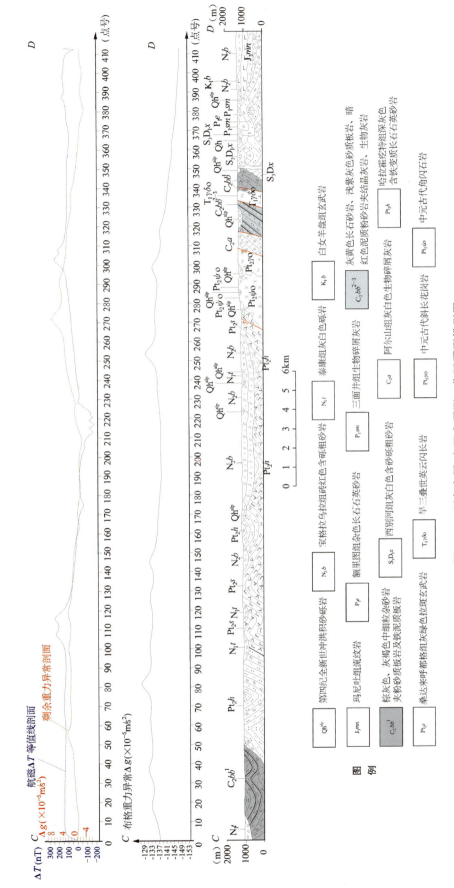

图 5-13 别鲁乌图-白乃庙预测工作区预测模型图

四、六一-十五里堆预测工作区

(一)典型矿床预测模型

由于六一矿区没有大比例尺物探资料,只能根据典型矿床成矿要素,综合研究重力、航磁等致矿信息,总结典型矿床预测要素表(表5-19)。

表5-19 六一硫铁矿典型矿床预测要素表

预测要素		描述内容		要素分类
储量		$606.34×10^4$ t	平均品位　　19.08%	
特征描述		火山沉积-热液型硫铁矿床		
地质环境	构造背景	处于草帽山复背斜的东南翼和哈达图-上库力深断裂的东侧,因此矿区构造形迹和构造骨架的产生与形成严格受其控制		重要
	成矿环境	中晚泥盆世的裂隙式火山喷发富碱质酸性熔浆喷溢的第Ⅱ、Ⅲ两个阶段的连续间歇期内		必要
	含矿岩系	安山质-英安质凝灰岩,后经变质作用而形成绢云石英片岩		必要
	成矿时代	石炭纪		必要
矿床特征	矿体形态	透镜状、似层状		次要
	岩石类型	宝力高庙组绢云母石英片岩段		重要
	岩石结构	斑状变晶结构,基质为粒状变晶结构		次要
	矿物组合	矿石矿物:黄铁矿、磁黄铁矿、闪锌矿、方铅矿等; 脉石矿物:白云石、方解石、石英、透闪石、钾长石、电气石等		重要
	结构构造	矿石结构:自形、半自形、他形粒状结构,交代溶蚀结构,碎裂结构,斑状变晶结构; 矿石构造:块状、浸染状、条带状、脉状、角砾团块状构造		次要
	蚀变特征	绢云母化、硅化、黄铁矿化、绿泥石化、绿帘石化		重要
	控矿条件	①矿体赋存于宝力高庙组中,岩性为绢云母石英片岩、流纹岩、流纹质角砾熔岩、安山质角砾熔岩、安山质凝灰熔岩; ②矿体严格受北东向的区域构造的控制		必要
地球物理特征	重力异常	矿床位于重力梯度带中,处于正剩余重力异常边缘,异常值 $4.50×10^{-5}$ m/s^2,重力异常显示该处构造发育		重要
	磁法异常	据1:5万航磁 ΔT 化极等值线平面图,磁场总体表现为正异常,矿床处于异常梯度带上,梯度带走向近南北方向,北部为正异常高值,达 300nT		重要

典型矿床预测模型图的编制,以勘探线剖面图为基础,叠加物探剩余重力剖面图形成(图5-14)。

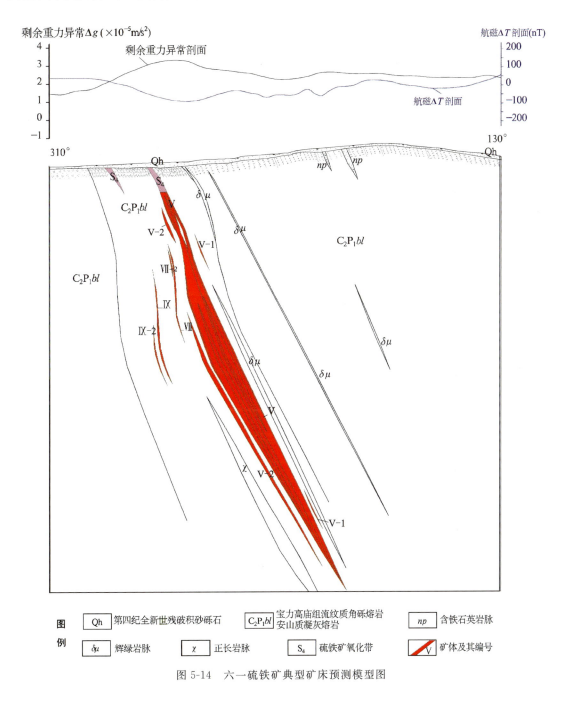

图5-14 六一硫铁矿典型矿床预测模型图

(二)模型区深部及外围资源潜力预测

1. 典型矿床已查明资源储量及其估算参数

六一矿区明资源量、体重及硫品位依据均来源于化学工业部地质勘探公司黑龙江地质勘探大队1985年6月提交的《内蒙古自治区陈巴尔虎旗六一硫铁矿补充勘探地质报告》。

查明矿床面积($S_{查}$)是根据1∶2000矿区综合地质略图(图5-15),在MapGIS软件下读取数据;查明矿体延深($H_{查}$)依据控制矿体最深的98号勘探线剖面图确定(图5-16),具体数据见表5-20。

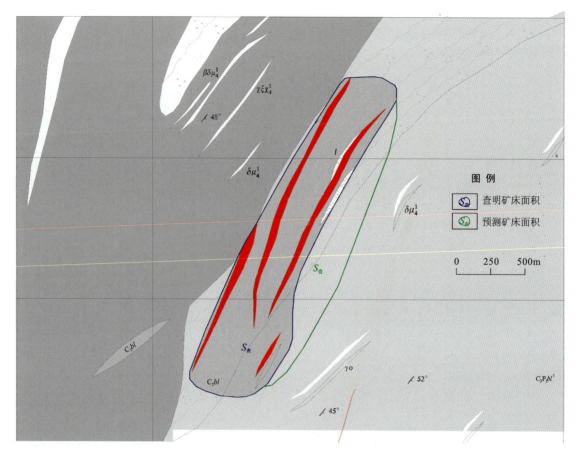

图 5-15　六一矿区综合地质略图

表 5-20　六一硫铁矿典型矿床查明资源量储量表

编号	名称	查明资源储量(t)	查明面积(m^2)	查明延深(m)	品位(%)	体重(t/m^3)	体积含矿率(t/m^3)
1	六一硫铁矿	6 063 400	47 313	470	19.08	3.35	0.2727

由表 5-20 可知,该典型矿床体积含矿率=查明资源储量/[查明面积($S_查$)×查明延深($H_查$)]= 6 063 400/(47 313×470)=0.2727(t/m^3)。

2. 典型矿床深部及外围预测资源量及其估算参数

根据六一矿区 98 号勘探线剖面图资料,最大控制垂深 470m,在 470m 以下含矿地层仍存在,依据勘查控制基本网度确定预测延深 100m($H_预$),面积采用查明资源储量的矿床面积($S_查$)。典型矿床深部预测资源量=查明面积($S_查$)×预测延深($H_预$)×典型矿床体积含矿率=47 313×100×0.2727= 1 290 226(t)。

在矿床外围已知矿体附近含矿建造区,圈定为外围预测区,预测面积为 $S_预$。总预测延深采用以查明延深与预测延深之和($H_总=H_查+H_预$)。典型矿床外围预测资源量=预测面积($S_预$)×总预测延深($H_总$)×典型矿床体积含矿率=15 800×570×0.2727=2 455 936(t)(表 5-21)。

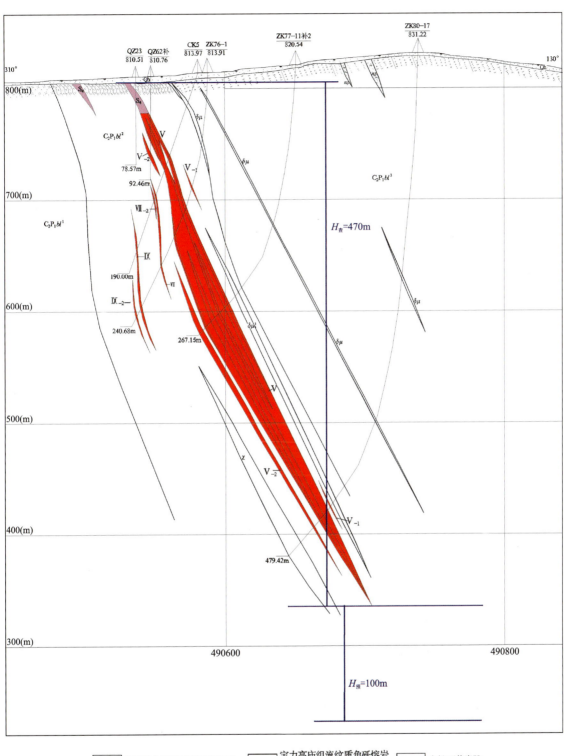

图 5-16 六一硫铁矿区 98 号勘探线剖面图

表 5-21　六一硫铁矿典型矿床深部预测资源量表

编号	名称	分类	面积 (m²)	延深 (m)	体积含矿率 (t/m³)	预测资源量 (t)
1	六一硫铁矿	深部	47 313	100	0.2727	1 290 226
		外围	15 800	570	0.2727	2 455 936

(三)预测工作区预测模型

根据预测工作区区域成矿要素和物探重力、航磁资料,建立了本预测工作区的区域预测要素,并编制预测工作区预测要素图和预测模型图。

区域预测要素图以区域成矿要素图为基础,综合研究重力、航磁等致矿信息,总结区域预测要素表(表 5-22),并将综合信息各专题异常曲线或区叠加在成矿要素图上。

根据区域成矿要素和航磁资料以及区域重力资料,建立区域矿床预测要素,编制了区域矿床预测要素图(图 5-17)。

表 5-22　六一-十五里堆预测工作区预测要素表

区域预测要素		描述内容	要素分类
特征描述		海相火山岩型硫铁矿床	
地质环境	大地构造位置	天山-兴蒙造山系(Ⅰ),大兴安岭弧盆系(Ⅰ-1),海拉尔-呼玛弧后盆地(Ⅰ-1-3)(Pz)	重要
	成矿区(带)	位于滨太平洋成矿域(Ⅰ-4),大兴安岭成矿省(Ⅱ-12),新巴尔虎右旗-根河(拉张区)铜、钼、铅、锌、金、萤石、煤(铀)成矿带(Ⅲ-5),陈巴尔虎旗-根河(拉张区)金、铁、锌、萤石成矿亚带(Ⅲ-5-②)(Cl、Ym-1、Ym),谢尔塔拉-六一硫铁矿集区(Ⅴ-1)(Vm)	必要
	成矿环境	中晚泥盆世的裂隙式火山喷发富碱质酸性熔浆喷溢的第Ⅱ、Ⅲ两个阶段的连续间歇期内	重要
	含矿岩系	安山质-英安质凝灰岩,后经变质作用而形成绢云石英片岩	重要
	成矿时代	石炭纪	重要
矿床特征	矿体形态	透镜状、似层状	次要
	岩石类型	宝力高庙组绢云母石英片岩段	重要
	岩石结构	斑状变晶结构,基质为粒状变晶结构	次要
	矿物组合	矿石矿物:黄铁矿、磁黄铁矿、闪锌矿、方铅矿等; 脉石矿物:白云石、方解石、石英、透闪石、钾长石、电气石等	重要
	结构构造	矿石结构:自形、他形粒状结构,交代溶蚀结构,碎裂结构; 矿石构造:块状、浸染状、条带状、脉状、角砾团块状构造	次要
	蚀变特征	绢云母化、硅化、黄铁矿化、绿泥石化、绿帘石化	次要
	控矿条件	矿体严格受北东向的区域构造的控制,产于石炭纪火山系中,直接赋存在中酸性火山凝灰岩与凝灰质熔岩中,后经区域变质作用和动力变质作用,而趋化为绢云母片岩	必要
地球物理特征	重力异常	六一硫铁矿位于编号为 G 蒙-59 的剩余重力正异常上,该区域局部出露石炭纪地层,故推断此正异常是由于古生代基底隆起所致	重要
	磁法异常	磁异常幅值范围为 $-625 \sim 625$ nT,背景值为 $-100 \sim 100$ nT,预测工作区磁异常形态杂乱,正负相间,多为不规则带状、片状及团状	重要
区内相同类型矿产		成矿区(带)内有 2 个中型矿床	重要

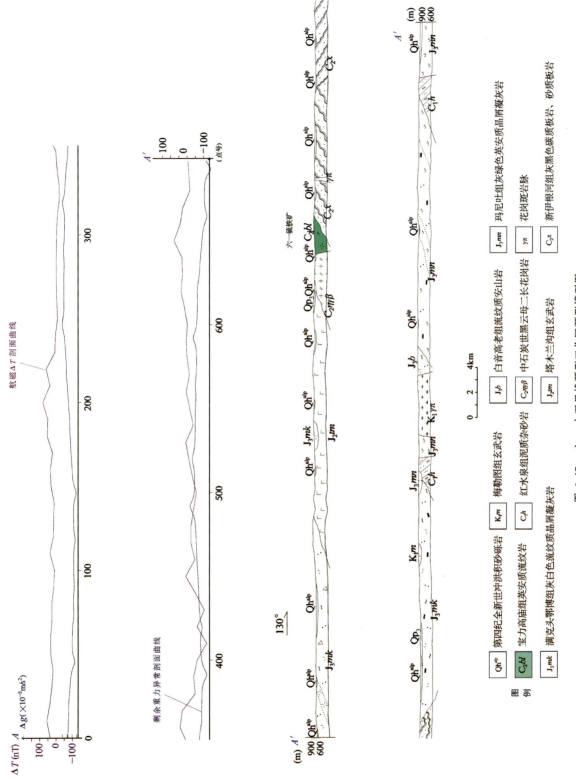

图 5-17 六———十五里堆预测工作区预测模型图

五、朝不楞-霍林河预测工作区

(一)典型矿床预测模型

由于朝不楞矿区没有大比例尺物探资料,只能根据典型矿床成矿要素,综合研究重力、航磁等致矿信息,总结典型矿床预测要素表(表 5-23)。

表 5-23 朝不楞伴生硫铁矿典型矿床预测要素表

预测要素		描述内容			要素分类
储量		64.80×10^4 t	平均品位	16.58%	
特征描述		岩浆热液型伴生硫铁矿床			
地质环境	构造背景	北疆-兴蒙弧形构造东南翼,内蒙-大兴安岭优地槽褶皱系,二连-东乌珠穆沁旗地槽褶皱带			重要
	成矿环境	燕山早期黑云母花岗岩体与中上泥盆统塔尔巴格特组下岩段老地层的外接触带			必要
	含矿岩系	矿区出露地层为古生界中上泥盆统塔尔巴格特组石英绢云母片岩、砂质板岩、大理岩、变质粉砂岩,硫铁矿即赋存于大理岩和变质粉砂岩接触层面及其附近			必要
	成矿时代	燕山期			必要
矿床特征	矿体形态	矿体呈扁豆状、条带状形式产出			次要
	岩石类型	塔尔巴格特组石英绢云母片岩、砂质板岩、大理岩、变质粉砂岩;燕山早期黑云母花岗岩、石英闪长岩、闪长岩及其派生脉岩			重要
	岩石结构	沉积岩为碎屑结构和变晶结构,侵入岩为细粒结构			次要
	矿物组合	矿石矿物:黄铁矿、磁黄铁矿、黄铜矿、方铅矿、闪锌矿、磁铁矿; 脉石矿物:黑云母、绿泥石、石英、方解石等			重要
	结构构造	矿石结构:半自形粒状结构、他形晶粒状结构、自形晶结构、反应边结构、压碎结构、固熔体分解结构; 矿石构造:块状构造、条带状构造、浸染状构造、斑杂状构造、角砾状构造、斑点状构造			重要
	蚀变特征	矽卡岩化、阳起石化			次要
	控矿条件	①古生界中上泥盆统塔尔巴格特组; ②北东向断裂构造; ③燕山期黑云母花岗岩、石英闪长岩、闪长岩岩体			必要
地球物理特征	重力	矿区大致位于布格重力相对高值区与相对低值区过渡带的扭曲部位,形成一条北东向梯级带和一条近东西向梯级带。矿区位于剩余重力正异常与负异常的交接带上,在正负异常的边界附近推断有断裂构造存在。可见朝不楞伴生硫铁矿位于古生代地层与花岗岩体接触带上,说明重力场特征反映了该硫铁矿的成矿地质环境,矿体受地层和岩浆岩共同控制			重要

续表 5-23

预测要素		描述内容			要素分类
储量		64.80×10^4 t	平均品位	16.58%	
特征描述		岩浆热液型伴生硫铁矿床			
地球物理特征	航磁	在航磁 ΔT 等值线平面图和航磁 ΔT 化极等值线平面图上,朝不楞伴生硫铁矿床所在区域为北东向带状高磁异常区,其形状、位置与剩余重力负异常 L 蒙-173 基本吻合。故推断此航磁异常主要是带磁性的黑云母花岗岩的反映。与岩浆岩有关的矿床、矿点及推断与矿有关的磁异常则叠加于该区域异常之上,主要受北东向区域构造控制,侏罗纪黑云母花岗岩侵入到中上泥盆统塔尔巴格特组下岩段($D_{2-3}t^1$)地层中,在成矿有利的外接触带内,形成硫铁矿床,沿断裂破碎带的某些地段有时发生热液型磁铁矿化作用,矿带、矿体的分布与北东向断裂破碎带有关			重要

典型矿床预测模型图的编制,以勘探线剖面图为基础,叠加物探剩余重力剖面图形成(图 5-18)。

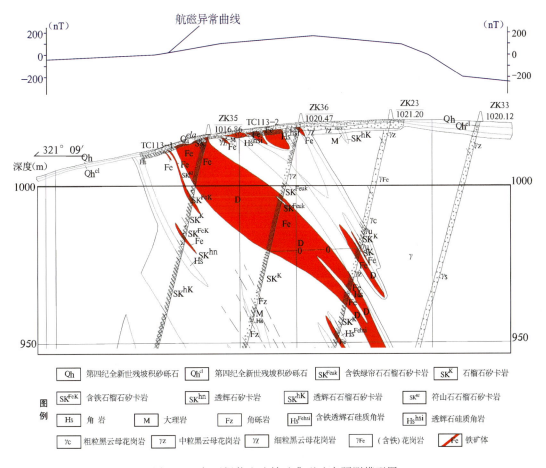

图 5-18　朝不楞伴生硫铁矿典型矿床预测模型图

(二)模型区深部及外围资源潜力预测

1. 典型矿床已查明资源储量及其估算参数

朝不楞矿区已查明的典型矿床资源储量、延深、品位、体重等数据来源于 1982 年 6 月内蒙古自治区地质局一〇九地质队编写的《内蒙古自治区东乌珠穆沁旗朝不楞矿区铁多金属矿详细普查地质报告》。

面积为该矿区各矿体、矿脉聚积区边界范围的面积,采用1982年6月内蒙古自治区地质局一○九地质队编写的《内蒙古自治区东乌珠穆沁旗朝不楞矿区铁多金属矿详细普查地质报告》,在MapGIS软件下读取数据,然后依据比例尺计算出实际平面积2 238 108m²(表5-24)。

表5-24 朝不楞伴生硫铁矿典型矿床查明资源量储量表

编号	名称	查明资源储量(t)		查明面积(m²)	查明延深(m)	倾角(°)	品位(%)	体重(t/m³)	体积含矿率(t/m³)
		矿石量	硫储量						
1	朝不楞伴生硫铁矿	3 908 320	648 000	2 238 108	155	16.58	3.96	0.0019	3 908 320

由表5-24可知,该典型矿床体积含矿率=查明资源储量/[(查明面积($S_{查}$)×查明延深($H_{查}$)]=648 000/(2 238 108×155)=0.0019(t/m³)。

2. 典型矿床深部和外围预测资源量及其估算参数

预测资源量的品位、体重等数据来源于1982年6月内蒙古自治区地质局一○九地质队编写的《内蒙古自治区东乌珠穆沁旗朝不楞矿区铁多金属矿详细普查地质报告》。

延深分两个部分,一部分是已查明矿体的下延部分,一部分是外推部分的深度。已查明矿体的最大延深为155m,钻孔最大深度为264m,155m以下仍见含矿地层,结合磁异常数据,按250m预测,矿体倾角56°~89°,矿体延深约等于垂深(图5-19)。

预测面积分两个部分:一部分为该矿区各矿体、矿脉聚积区边界范围的下延面积,采用1982年6月内蒙古自治区地质局一○九地质队编写的《内蒙古自治区东乌珠穆沁旗朝不楞矿区铁多金属矿详细普查地质报告》附图(内蒙古自治区东乌珠穆沁旗朝不楞矿区地质及垂直磁力异常平面图,比例尺1:2.5万),在MapGIS软件下读取数据,然后依据比例尺计算出实际平面积2 238 108m²,(按上下面积基本一致);另一部分为依据地质体及磁异常所圈定的外推面积,在MapGIS软件下读取数据,然后依据比例尺计算出实际平面积5 203 125m²。体积含矿率采用表5-24典型矿床已查明资源量的体积含矿率0.0019t/m³。

1)典型矿床深部预测资源量的确定

已知矿体的下延部分预测资源量(Z_{1-2})=查明资源面积×(总延深−查明矿体延深)×体积含矿率=2 238 108×(250−155)×0.0019=403 978(t)。

2)典型矿床外围预测资源量的确定

已知矿体周围外推部分预测资源量(Z_{1-1})=外推面积×总延深×体积含矿率=5 203 125×250×0.0019=2 471 484(t)。

由此,朝不楞矿区硫铁矿预测资源量=已知矿体周围外推部分(Z_{1-1})+已知矿体的下延部分(Z_{1-2})=403 978+2 471 484=2 875 462(t),见表5-25。

表5-25 朝不楞伴生硫铁矿典型矿床深部及外围预测资源量表

编号	名称	分类	面积(m²)	延深(m)	体积含矿率(t/m³)	预测资源量(t)
1	朝不楞伴生硫铁矿	深部	2 238 108	95	0.0019	403 978
		外围	5 203 125	250	0.0019	2 471 484

(三)预测工作区预测模型

根据预测工作区区域成矿要素和物探重力、航磁资料,建立了本预测工作区的区域预测要素

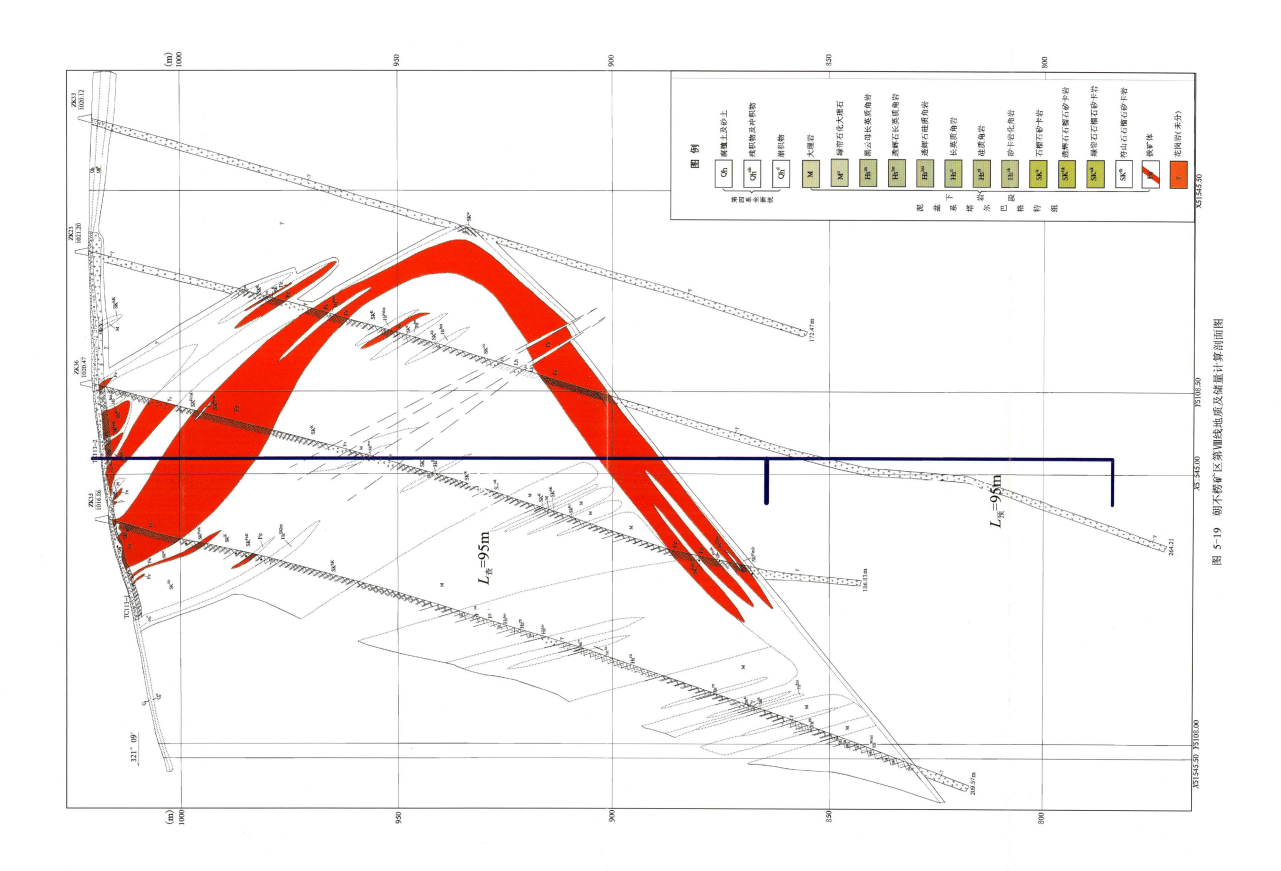

图 5-19 朝不楞矿区第Ⅷ勘线地质及储量计算剖面图

(表 5-26),并编制预测工作区预测要素图和预测模型图(图 5-20)。

表 5-26 朝不楞-霍林河预测工作区预测要素表

区域预测要素		描述内容	要素分类
	特征描述	岩浆热液型伴生硫铁矿床	
地质环境	大地构造位置	天山-兴蒙造山系(Ⅰ),大兴安岭弧盆系(Ⅰ-1),扎兰屯宝山岛弧(Ⅰ-1-4)	重要
	成矿区(带)	滨太平洋成矿域(Ⅰ-4),大兴安岭成矿省(Ⅱ-12),东乌珠穆沁旗-嫩江(中强挤压区)铜、钼、铅、锌、金、钨、锡、铬成矿带(Ⅲ-6),朝不楞-博克图钨、铁、锌、铅成矿亚带(Ⅲ-6-②)	必要
	成矿环境	矿床形成于燕山早期花岗岩体与中上泥盆统塔尔巴格特岩组下岩段老地层的外接触带内	重要
	含矿岩体	黑云母花岗岩	必要
	成矿时代	侏罗纪(燕山早期)	必要
矿床特征	矿体形态	矿体呈扁豆状、条带状及豆荚状形式产出	重要
	岩石类型	石英绢云母片岩、砂质板岩、大理岩、变质粉砂岩、黑云母花岗岩、石英闪长岩、闪长岩及其派生脉岩	重要
	岩石结构	碎屑结构、变晶结构、细粒结构	次要
	矿物组合	矿石矿物:磁铁矿、赤铁矿、褐铁矿、闪锌矿、黄铜矿; 脉石矿物:钙铁榴石、透辉石、石英斜长石、阳起石	重要
	结构构造	矿石结构:交代网格状结构、晶架状结构; 矿石构造:致密块状、浸染状构造	次要
	蚀变特征	矽卡岩化、阳起石化	次要
	控矿条件	①古生界中上泥盆统塔尔巴格特组下岩段; ②北东向断裂构造; ③燕山期黑云母花岗岩体	必要
地球物理特征	重力	预测工作区位于纵贯全国东部地区的大兴安岭-太行山-武陵山北北东向巨型重力梯度带的西北侧,从布格重力异常图上看,区域性北东向深大断裂 F 蒙-02006-③从预测工作区中部穿过。布格重力异常受区域构造线控制,总体呈北东向展布,局部为北北东向。由西北到东南,布格重力异常呈高低相间分布的特征,形成多处局部重力高值区和局部重力低值区。在剩余重力异常图上,剩余重力正负异常相间分布,形状大多呈椭圆和等轴状,布格重力异常相对高值区对应形成剩余重力正异常,局部低值区与剩余重力负异常相对应	重要
	航磁	预测工作区磁场值总体处在−100～0nT 之间的负磁背景上,磁场值变化范围在−1000～1300nT 之间。预测工作区磁场较杂乱,磁异常轴向以北东东向为主,磁异常形态各异。磁场特征反映出预测工作区主要构造方向为北东东向。已知航磁异常有如下特征:异常走向以北东向、东西向为主,异常多数处在较低磁异常背景上,磁场变化复杂,异常多处在磁测推断的北东向断裂带上或其两侧的次级断裂上,磁异常均处在侵入岩体上或岩体与岩体、岩体与地层的接触带上	重要
区内相同类型矿产		成矿区(带)内有 1 个中型矿床	重要

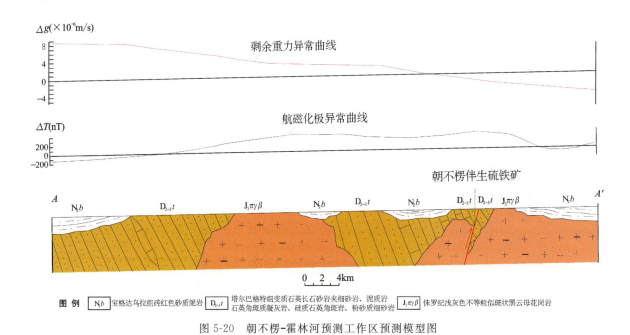

图 5-20 朝不楞-霍林河预测工作区预测模型图

六、拜仁达坝-哈拉白旗预测工作区

(一)典型矿床预测模型

由于拜仁达坝矿区没有大比例尺物探资料,只能根据典型矿床成矿要素,综合研究重力、航磁等致矿信息,总结典型矿床预测要素表(表 5-27)。

表 5-27 拜仁达坝伴生硫铁矿典型矿床预测要素表

预测要素		描述内容			要素分类
储量		154.50×10^4 t	平均品位	16.58%	
特征描述		内蒙古自治区拜仁达坝银多金属矿床是一受构造控制的、与燕山期中酸性岩浆活动有关的中低温热液型矿床			
地质环境	构造背景	其大地构造隶属于天山-兴蒙褶皱系,锡林浩特中间地块中部,三级构造单元为锡林浩特复背斜东段,即米生庙复背斜靠近轴部的东南翼			重要
	成矿环境	内蒙古自治区拜仁达坝银多金属矿床是一受构造控制的、与海西期石英闪长岩有关的中低温热液矿床。成矿流体早期为中高温、低盐度、富 CH_4 流体,晚期为中低温、低盐度、富水流体,成矿主要在中低温范围内。主成矿期氧逸度较低,但早期可能存在高氧逸度流体。矿带和矿体的赋存明显受构造控制,北东向区域构造控制海西期石英闪长岩的分布,同时控制矿带的展布,而北北西向和近东西向的张性构造是矿区内的主要控矿构造			必要
	含矿岩体	石英闪长岩岩体			必要
	成矿时代	海西期			必要

续表 5-27

预测要素		描述内容			要素分类
储量		154.50×10⁴ t	平均品位	16.58%	
特征描述		内蒙古自治区拜仁达坝银多金属矿床是一受构造控制的、与燕山期中酸性岩浆活动有关的中低温热液型矿床			
矿床特征	矿体形态	脉状			次要
	岩石类型	海西期石英闪长岩			重要
	岩石结构	花岗结构			重要
	矿物组合	主要为磁黄铁矿、方铅矿、铁闪锌矿、毒砂、黄铁矿、银黝铜矿、黄铜矿等,其次还有闪锌矿、辉银矿、自然银、黝锡矿、硫锑铅矿、胶状黄铁矿、铅矾、褐铁矿、孔雀石等矿物			重要
	结构构造	矿石结构:半自形粒状结构、他形粒状结构、骸晶结构、交代结构、固溶体分离结构、碎裂结构; 矿石构造:条带状构造、网脉状构造、块状构造、浸染状构造,其次为斑杂状构造和角砾状构造			次要
	蚀变特征	硅化、白云母化、绢云母化、绿泥石化、碳酸盐化、高岭土化,其次还可见绿帘石化及叶蜡石化等。其中与银、铅、锌矿化关系密切的是硅化、绿泥石化、绢云母化			次要
	控矿条件	黑云斜长片麻岩、二云斜长片麻岩、角闪斜长片麻岩及变质深成侵入体斜长角闪岩。近东西向压扭性断裂是矿区主要控矿构造,北西向张性断裂是次要控矿构造			必要
地球物理特征	重力异常	拜仁达坝银多金属矿床位于北北东向克什克腾旗—霍林郭勒市一带布格重力低异常带的北西侧,根据物性资料和地质资料分析,推断该重力低异常带是中性—酸性岩浆岩活动区(带)引起。表明拜仁达坝银多金属矿床在成因上与中性—酸性岩体有关			次要
	磁法异常	据1:1万地磁等值线图显示,磁场表现为在低正磁异常范围背景中的圆团状正磁异常。据1:1万电法等值线图显示,北部表现为低阻高极化,南部则表现为高阻低极化			重要
地球化学特征		矿区出现了以 Pb、Zn、Ag 为主,伴有 Cd、As、Sb、W、Mo 等元素组成的综合异常,矿石的工业类型以 Ag、Pb、Zn 为主,伴生有益组分有 Cu、Sn、Sb、Pt 等元素			重要

典型矿床预测模型图的编制,以勘探线剖面图为基础,叠加物探剩余重力剖面图形成(图 5-21)。

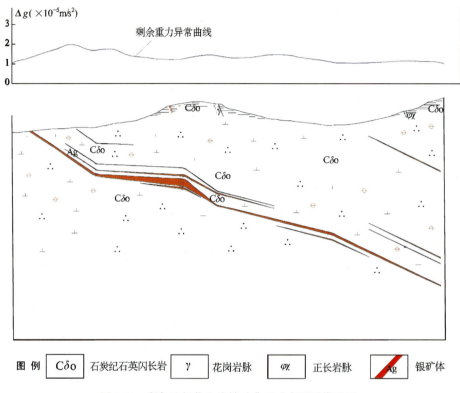

图 5-21 拜仁达坝伴生硫铁矿典型矿床预测模型图

(二)模型区深部及外围资源潜力预测

1. 典型矿床已查明资源储量及其估算参数

硫为伴生矿种,先估算主矿种资源量,然后按硫占主矿种的比例计算伴生硫铁矿。

拜仁达坝伴生硫铁矿资源量的估算是在原拜仁达坝侵入岩体型铅锌矿资源量预测成果的基础上进行资源量预测工作。硫铁矿最小预测区的圈定原则以及圈定成果均基于铅锌矿的预测成果,原拜仁达坝侵入岩体型铅锌矿资源量预测工作的基本过程如下。

查明资源量、体重及铅和锌品位的依据均来源于内蒙古自治区地质矿产开发局提交的《内蒙古克什克腾旗拜仁达坝矿区银多金属矿详查报告》。查明矿床面积($S_{查}$)是根据1:5万矿区综合地质略图(图5-22),在 MapGIS 软件下读取数据;查明矿体延深($H_{查}$)依据控制矿体最深的 41—41′勘探线地质剖面图确定(图5-23),具体数据见表5-28。

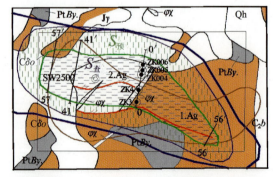

图 5-22 拜仁达坝矿区综合地质略图

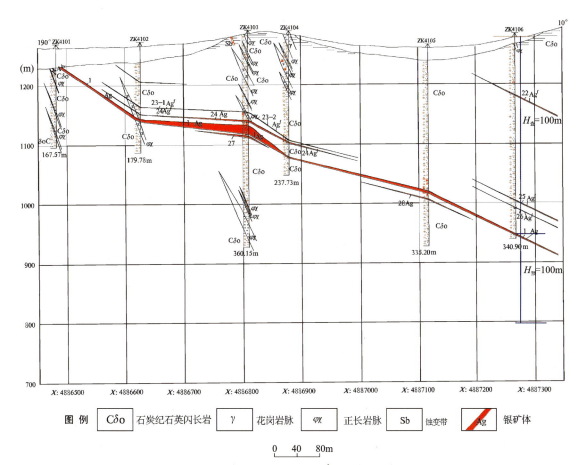

图 5-23 拜仁达坝矿区 41—41′勘探线地质剖面图

表 5-28　拜仁达坝伴生硫铁矿典型矿床查明资源量储量表

编号	名称	查明资源储量 金属量(t)		查明面积 (m^2)	查明延深 (m)	品位(%)		体重 (t/m^3)	体积含矿率 (t/m^3)	
		铅	锌			铅	锌		铅	锌
1	拜仁达坝伴生硫铁矿	424 500	901 067	1 337 500	340	2.38	5.06		0.000 93	0.001 98

依据表 5-28 参数,估算该典型矿床铅体积含矿率=查明资源储量/[查明面积($S_查$)×查明延深($H_查$)]=424 500/(1 337 500×340)=0.000 93(t/m^3)。锌体积含矿率=查明资源储量/[查明面积($S_查$)×查明延深($H_查$)]=901 067/(1 337 500×340)=0.001 98(t/m^3)。

2. 典型矿床深部和外围预测资源量及其估算参数

1)典型矿床深部预测资源量的确定

根据拜仁达坝矿区银多金属矿 41—41′勘探线剖面图,垂深 340m 矿体均已控制。根据该矿床主要成矿地质条件,矿体产于晚石炭世石英闪长岩中,矿体受近东西向断裂构造控制。该矿区 25 号勘探线剖面钻孔控制矿体延伸 20~1135m(1 号矿体),其他矿体产状较为平缓,倾向北,倾角 26°~31°,所有钻孔均未穿透石英闪长岩,见矿钻孔最深为 340m。按产状 26°,矿体延伸 1135m 推算,矿体最大垂深为 570m。据此,该矿床预测深度由见矿最深钻孔 340m 下推 100m($H_预$)较为合理。拜仁达坝矿床深部预测铅资源量=查明面积($S_查$)×预测延深($H_预$)×典型矿床铅体积含矿率=1 337 500×100×0.000 93=124 388(t)。预测铅资源量=查明面积($S_查$)×预测延深($H_预$)×典型矿床铅体积含矿率=1 337 500

$\times 100 \times 0.00198 = 264\,825\,(t)$。

2)典型矿床外围预测资源量的确定

根据矿区1:1万土壤测量所圈定的铅、锌元素异常范围,结合矿区地质单元分布特征,在拜仁达坝主矿体外围圈定预测区,预测面积($S_{预}$)在MapGIS软件下读取数据为$1\,612\,500\,m^2$。典型矿床外围预测铅资源量=预测面积($S_{预}$)×总预测延深($H_{总}+H_{预}$)×典型矿床体积含矿率=$1\,612\,500 \times 440 \times 0.000\,93 = 659\,835\,(t)$。预测锌资源量=预测面积($S_{预}$)×总预测延深($H_{总}+H_{预}$)×典型矿床体积含矿率=$1\,612\,500 \times 440 \times 0.001\,98 = 1\,404\,810\,(t)$。

拜仁达坝典型矿床深部及外围预测资源量见表5-29。

表5-29 拜仁达坝伴生硫铁矿典型矿床深部及外围预测资源量表

编号	名称	分类	面积(m^2)	延深(m^2)	体积含矿率(t/m^3)		预测资源量(t)	
					铅	锌	铅	锌
1	拜仁达坝伴生硫铁矿	深部	1 337 500	340	0.000 93	0.001 98	124 388	264 825
		外围	1 612 500	100	0.000 93	0.001 98	659 835	1 404 810

(三)预测工作区预测模型

根据预测工作区区域成矿要素和物探重力、航磁资料,建立了本预测工作区的区域预测要素(表5-30),并编制预测工作区预测要素图和预测模型图(图5-24)。

表5-30 拜仁达坝-哈拉白旗预测工作区预测要素表

区域预测要素		描述内容	要素分类
地质环境	大地构造位置	天山-兴蒙造山系,锡林浩特岩浆弧,锡林浩特复背斜东段	重要
	成矿区(带)	位于滨太平洋成矿域(Ⅰ-4),大兴安岭成矿省(Ⅱ-12),林西-孙吴铅、锌、铜、钼、金成矿带(Ⅲ-8)(Vl,Il,Ym),索伦镇-黄岗铁(锡)、铜、锌成矿亚带(Ⅲ-8-①),拜仁达坝-哈拉白旗铜、铅、锌、硫矿集区(V-1)(V)	必要
	区域成矿类型及成矿期	中低温热液型; 海西期	必要
	含矿岩体	含硫透辉岩、透辉钾长岩体	必要
	成矿时代	太古宙	必要
控矿地质条件	赋矿地质体	锡林郭勒杂岩:黑云斜长片麻岩、二云斜长片麻岩、角闪斜长片麻岩晚石炭世石英闪长岩	重要
	控矿侵入岩	石英闪长岩的侵入不仅提供了成矿热源,也是引起矿区内岩石发生蚀变的主要原因	重要
	主要控矿构造	矿带和矿体的赋存明显受构造控制,北东向区域构造控制燕山期中酸性侵入岩分布,近东西向张性构造是矿区内主要控矿构造	重要
地球物理特征	重力	预测工作区位于布格重力的梯度带、重力低缓斜坡、重力异常等值线同向扭曲部位及剩余重力异常过渡带上	重要
	航磁化极	正负磁异常过渡带,负背景磁场内局部升高部位,低缓磁异常呈椭圆状、似椭圆状,形态规则,近于对称	重要
地球化学特征		异常强度高,规模大,套合好,分带清晰,具有显著成矿元素组合特征	重要
区内相同类型矿产		成矿区带内有4个银铅锌矿床(点),其中伴生有拜仁达坝伴生硫铁矿	重要

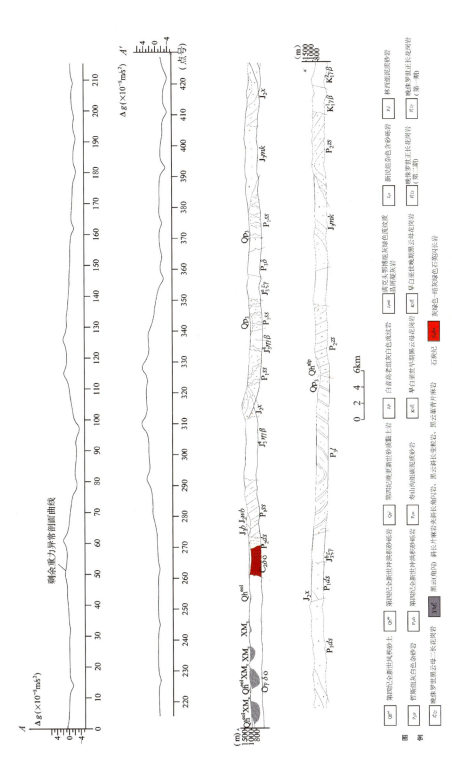

图 5-24 拜仁达坝-哈拉白旗预测工作区预测模型图

七、驼峰山-孟恩陶力盖预测工作区

(一)典型矿床预测模型

由于驼峰山矿区没有大比例尺物探资料,只能根据典型矿床成矿要素,综合研究重力、航磁等致矿信息,总结典型矿床预测要素表(表5-31)。

表5-31 驼峰山硫铁矿典型矿床预测要素表

预测要素		描述内容			要素分类
储量		$277.0×10^4$ t	平均品位	16.23%	
特征描述		海相火山岩型硫铁矿床			
地质环境	构造背景	晚古生代有限洋盆构造环境内			重要
	成矿环境	浅海相			必要
	含矿岩系	矿体赋存于下二叠统大石寨组中,主要含矿岩性为晶屑凝灰熔岩、晶屑凝灰岩、凝灰岩			必要
	成矿时代	二叠纪			必要
矿床特征	矿体形态	层状—透镜状			次要
	岩石类型	晶屑火山角砾岩、晶屑凝灰岩、凝灰岩			重要
	岩石结构	火山角砾结构、晶屑结构、斑状结构			重要
	矿物组合	矿石矿物:黄铁矿、黄铜矿; 脉石矿物:石英、长石、绢云母			重要
	结构构造	矿石结构:自形—半自形粒状结构、他形粒状结构、压碎结构、交代结构; 矿石构造:块状、浸染状、细脉浸染状、晶簇状构造			次要
	控矿条件	矿体赋存于下二叠统大石寨组中,主要含矿岩性为晶屑凝灰熔岩、晶屑凝灰岩、凝灰岩			必要
地球物理特征剩余重力		硫铁矿床所在区域剩余重力异常表现为平稳的负异常,异常起始值高于$-2×10^{-5}$ m/s²,最高起始值$-1×10^{-5}$ m/s²			重要

典型矿床预测模型图的编制,以勘探线剖面图为基础,叠加物探剩余重力剖面图形成(图5-25)。

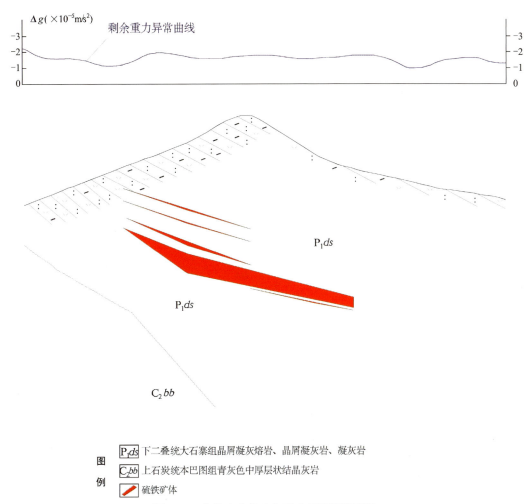

图 5-25 驼峰山硫铁矿典型矿床预测模型图

(二)模型区深部及外围资源潜力预测

1. 典型矿床已查明资源储量及其估算参数

驼峰山矿区已查明资源量来自于截至 2009 年底内蒙古自治区矿产资源储量表,品位及体重依据均来源于中化内蒙古自治区地质勘查院 2007 年 9 月提交的《内蒙古自治区巴林左旗驼峰山矿区多金属硫铁矿普查报告》。查明矿床面积($S_{查}$)是根据 1∶5000 矿区地形地质略图,在 MapGIS 下量得面积后根据矿层产状换算成斜面积累加获得(图 5-26);查明矿体延深($H_{查}$)依据控制矿体最深的 00 线 ZK0002 号钻孔加以确定,具体数据见表 5-32。

表 5-32 驼峰山硫铁矿典型矿床查明资源量储量表

编号	名称	查明资源储量(t)	查明面积(m^2)	查明延深(m)	品位(%)	体重(t/m^3)	体积含矿率(t/m^3)
1	驼峰山硫铁矿	2 770 000	372 075	180	16.23	3.00	0.041

由表 5-32 可知,该典型矿床体积含矿率=查明资源储量/[查明面积($S_{查}$)×查明延深($H_{查}$)]= 2 770 000/(372 075×180)=0.041(t/m³)。

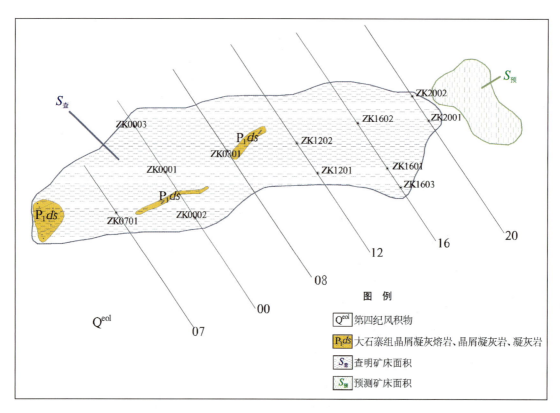

图 5-26　驼峰山硫铁矿区地形地质略图

2. 典型矿床深部和外围预测资源量及其估算参数

1）典型矿床深部预测资源量的确定

在 2011 年中化内蒙古自治区地质勘查院续作但尚未提交的《内蒙古自治区巴林左旗驼峰山矿区多金属硫铁矿详查报告》中，对原普查时的勘探线进行加密并施加钻孔，经最新钻孔资料证实，硫铁矿最深处仍被 00 线 ZK0002 孔所控制，即矿体的最大延深为 180m。因此，矿床深部基本无资源量潜力，本次不予以预测。

2）典型矿床外围预测资源量的确定

由上所述《内蒙古自治区巴林左旗驼峰山矿区多金属硫铁矿详查报告》，虽然矿床深部没有找到矿体的可能，但由所施加的最新钻孔得知，20 线以东地区，即 ZK2001、ZK2002 钻孔以东，其东侧沿线均无工程控制，含矿岩层在此地段均有延伸，尽管靠近边缘，但仍有一定的潜力。据钻孔控制的地层以及矿体向东的形态展布情况，在 20 线以东位置，圈定出潜力较大的矿床外围预测区域（图 5-27）。

典型矿床外围预测资源量=预测面积（$S_{预}$）×预测延深（$H_{预}$）×典型矿床体积含矿率=37 925×180×0.041＝279 886.5（t）。典型矿床外围预测资源量结果见表 5-33。

表 5-33　驼峰山硫铁矿典型矿床深部及外围预测资源量表

编号	名称	分类	面积（m^2）	延深（m）	体积含矿率（t/m^3）	预测资源量（t）
1	驼峰山硫铁矿	外围	37 925	180	0.041	279 886.5

(三)预测工作区预测模型

根据预测工作区区域成矿要素和物探重力、航磁资料,建立了本预测工作区的区域预测要素(表5-34),并编制预测工作区预测要素图和预测模型图(图5-27)。

表5-34 驼峰山-孟恩陶力盖预测工作区预测要素表

区域预测要素		描述内容	要素分类
特征描述		海相火山岩型硫铁矿床	
地质环境	大地构造位置	天山-兴蒙造山系(Ⅰ)、大兴安岭弧盆系(Ⅰ-1)、锡林浩特岩浆弧(Ⅰ-1-6)	重要
	成矿区(带)	滨太平洋成矿域(叠加在古亚洲成矿域之上)(Ⅰ-4),大兴安岭成矿省(Ⅱ-12),林西-孙吴铅、锌、铜、钼、金成矿带(Ⅲ-8)(Vl、Il、Ym),莲花山-大井子铜、银、铅、锌成矿亚带(Ⅲ-8-③)(I、Y)	重要
	成矿环境	浅海相	重要
	含矿岩系	矿体赋存于下二叠统大石寨组火山岩地层中,主要岩性为晶屑凝灰岩、凝灰岩	必要
	成矿时代	二叠纪	必要
矿床特征	矿体形态	矿体呈层状、透镜状	重要
	岩石类型	晶屑凝灰岩、流纹质凝灰岩	必要
	岩石结构	晶屑结构、斑状结构	次要
	矿物组合	黄铁矿、黄铜矿、石英、绢云母	重要
	结构构造	矿石结构:自形—半自形粒状结构、他形粒状结构; 矿石构造:块状构造	次要
	蚀变特征	黄铁矿化、硅化	次要
	控矿条件	矿体主要受到下二叠统大石寨组火山岩控制,具较强的黄铁矿化,岩性主要以晶屑凝灰岩、流纹质晶屑凝灰岩为主	必要
地球物理特征剩余重力		硫铁矿床所在区域剩余重力异常表现为平稳的负异常,剩余重力异常起始值范围为$(-2\sim-1)\times10^{-5}\mathrm{m/s^2}$	重要
区内相同类型矿产		成矿区(带)内有1个中型矿床	重要

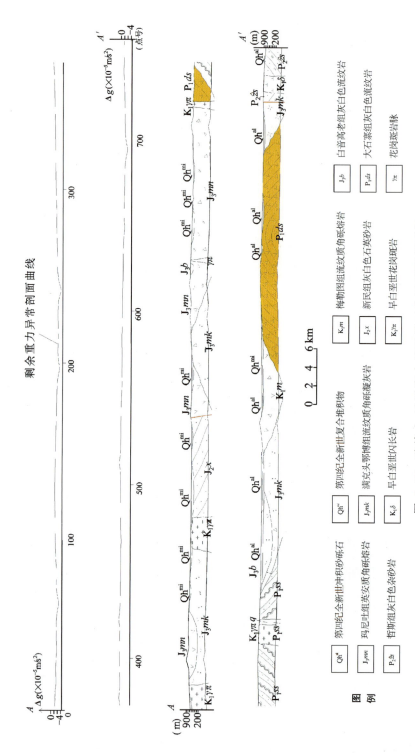

图 5-27 驼峰山-孟恩陶力盖预测工作区预测模型图

第三节 预测工作区圈定

一、预测工作区圈定方法及原则

(一)预测工作区圈定方法

硫铁矿预测采用预测方法类型有沉积变质型、沉积型、侵入岩体型、复合内生型和火山岩型,除侵入岩体型外,其他类型均具有特定的含矿层位。

1. 沉积型矿产预测方法类型

确定含矿有利层位,用必要要素(例如与磁性有关的矿产要考虑磁异常范围等)、重要要素,并考虑地质单元、矿产分布等,在预测工作区内划分出最小预测单元(区)。预测单元划分采用地质单元法。

2. 侵入岩体型矿产预测方法类型

侵入岩体型矿产由于矿体主要赋存于岩体之中或内外接触带,运用地质单元法是可行的。特别是大比例尺矿床预测,岩体的边界或岩体热影响范围都可作为边界条件,进行预测单元的划分。但作为中比例尺度的矿田预测目标,由于预测底图比例尺的限制,岩体面积图面上表达过小,则会失去以岩体边界作为边界条件进行预测单元划分的实际意义。

本次全国矿产资源潜力评价侵入岩体型矿产预测,如若预测地质底图是 1∶25 万侵入岩浆构造相图,可以考虑用排除法缩小预测对象,并最终选取合适的边界条件确定预测底图中的预测单元。如是 1∶5 万侵入岩浆构造相图为预测地质底图,则可以直接以岩体边界为边界条件,以地质单元法圈定预测单元。

当然,也可以利用网格法划分侵入岩体型矿产预测的单元,与地质单元法相比,更方便于数学方法直观判别,但不利于矿田预测目标的整体级别判断。网格法划分关键是确定多大的网格,在 1∶5 万、1∶20 万和 1∶25 万预测底图上,网格面积也应相应缩小,一般为 1cm×1cm,以圈定出岩体大致形态。

3. 火山岩型矿产预测方法类型

根据具有明确地质意义的不规则预测单元的要求,采用火山岩相和构造两个必要要素来划分预测单元。具体做法如下:

(1)根据矿床模型和火山岩产状等确定含矿层位。首先,根据矿床模型通过属性检索出含矿火山岩岩性岩相范围;然后,根据地层出露和覆盖情况、火山岩产状,必要时结合物探、化探及遥感解译,推断出该套火山岩岩性岩相的隐伏部分;最后,含赋矿火山岩与其隐伏部分作为划分预测单元的图层之一。

(2)根据矿床模型,并参照空间分析的统计规律来确定断裂构造及其影响范围。首先,根据矿床模型通过属性检索出控矿断裂,并叠加根据物探和遥感等信息综合推测的与该类矿床关系密切的隐伏断裂;然后,根据矿床模型提出的断裂影响(或热液活动)范围,结合空间统计分析,确定控矿断裂缓冲区的最佳距离,并将其最佳距离的缓冲区作为划分预测单元的图层之一。

(3)将上述两步的结果图层进行空间叠加,生成一个新的图层,即不规则的预测单元,这些单元本身

(①既是含矿火山岩或与矿化关系密切的隐伏火山岩分布范围,同时又是控矿断裂带或推测的隐伏断裂带范围;②只是含矿火山岩或与矿化关系密切的隐伏火山岩分布范围;③只是控矿断裂带或推测的隐伏断裂带范围;④既没有含矿火山岩或与矿化关系密切的隐伏火山岩分布的地区,又没有控矿断裂带或推测的隐伏断裂带)及其边界(含矿火山岩或与矿化关系密切的隐伏火山岩分布范围边界、控矿断裂带或推测的隐伏断裂带边界)均具有明确的地质含义。

4. 变质型矿产预测方法类型

预测单元划分可利用网格法和地质单元法两种。网格法的网格大小可根据工作比例尺自定。地质单元法可按下述原则进行:①位置由变质矿床存在的必要条件标志确定;②边界条件由充分条件,即矿化信息标志确定。

5. 复合内生型矿产预测方法类型

根据地质单元法的要求,复合内生型矿产采用侵入岩、断裂、地层变质建造等必要要素来划分预测单元。具体做法如下:

(1)根据矿床模型,并参照空间分析的统计规律来确定侵入岩及其影响范围。首先,根据矿床模型通过属性检索出成矿岩体,并叠加根据物探和遥感等信息综合推测的与该类矿床关系密切的隐伏岩体;然后,根据矿床模型提出的岩浆活动影响(或热液活动)范围以及空间分析,确定成矿岩体缓冲区的最佳距离,并将其最佳距离的缓冲区作为划分预测单元的图层之一。

(2)根据矿床模型,并参照空间分析的统计规律来确定控矿断裂构造及其影响范围。首先,根据矿床模型通过属性检索出控矿断裂构造,并叠加根据物探和遥感等信息综合推测的与该类矿床关系密切的隐伏断层;然后,根据矿床模型提出的断裂构造影响范围以及空间分析,确定控矿断裂缓冲区的最佳距离,并将其最佳距离的缓冲区作为划分预测单元的图层之一。

(3)根据矿床模型和地层产状等确定赋矿层位。首先,根据矿床模型通过属性检索出赋矿地层;然后,根据地层出露和覆盖情况、地层产状,必要时结合物探、化探及遥感解译,推断出该套地层的隐伏部分;最后,将赋矿地层与其隐伏部分作为划分预测单元的图层之一。

(4)根据矿床模型和特定的变质建造产状等确定矿源层。首先,根据矿床模型通过属性检索出与成矿有关的变质建造,然后,根据变质建造出露和覆盖情况、变质建造产状,必要时结合物探、化探及遥感解译,推断出该套变质建造(或变质基底)的隐伏部分;最后,将特定的变质建造与其隐伏部分作为划分预测单元的图层之一。

(5)将上述步骤的结果图层进行空间叠加,生成一个新的图层,即不规则的预测单元,这些单元本身及其边界均具有明确的地质含义。

(二)预测工作区圈定原则

预测工作区的圈定均采用评价要素叠加法。

(1)圈定预测边界时,应全面考虑各种预测要素和综合信息的应用。

(2)预测工作区的基本边界是含硫岩系的分布边界,含硫岩段应连续分布,并具有一定厚度。

(3)有含矿岩系地层存在的区域均应圈定并尽量保证走向上的完整。

(4)尽量考虑构造形态,被成矿期后地质构造限定的或按地理分区归并硫矿区,考虑计算的方便并进行必要的分拆。

(5)有同一含矿岩段的已知矿床分布,未知预测工作区有相同含矿岩段分布。

(6)结合重力、航磁、岩层厚度等情况确定分区范围。

(7)预测工作区规模主要应考虑含矿岩段(硫铁矿层)分布的连续性,一般应控制在同一含硫岩段连续分布的范围内,大致相当于化工矿山一个矿区的范围,面积在100km²以内。

(8)有第四纪地层覆盖的区域,按硫铁矿含矿岩系的分布规律,进行适当的剥离。

二、预测工作区圈定

以东升庙-甲生盘预测工作区为例,其他预测工作区与此基本相同。

(1)采用 MRAS 矿产资源 GIS 评价系统中有预测模型工程,添加地质体,断层,Pb、Zn、Cu 元素化探,剩余重力,航磁化极,遥感环要素等专题图层。

(2)采用网格单元法设置预测单元,网格单元范围为预测工作区范围,单元大小为20mm×20mm。

(3)地质体、断层、遥感环要素进行单元赋值时采用区的存在标志,化探、剩余重力、航磁化极则求起始值的加权平均值,进行原始变量构置。

(4)对化探、剩余重力、航磁化极进行二值化处理,人工输入变化区间:铅锌化探异常大于18×10^{-6},剩余重力异常为$(10\sim22)\times10^{-5}\text{m/s}^2$,航磁化极值200~1000nT,并根据形成的定位数据转换专题构造预测模型。

(5)采用特征分析法中二值化数据进行空间评价,使用回归方程计算数据关联度见图5-28,成矿概率见图5-29。

(6)最小预测区圈定与分级。叠加所有成矿要素及预测要素,根据形成的预测单元图及不同级别的各要素边界,圈定最小预测区。

(7)根据成矿概率拐点值赋单元颜色,预测结果见图5-30。

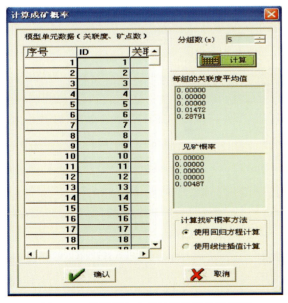

图 5-28 使用回归方程计算数据关联度图

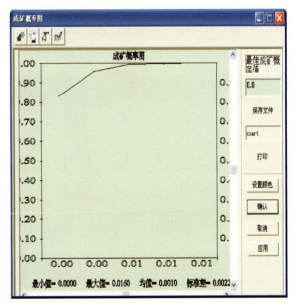

图 5-29 成矿概率图

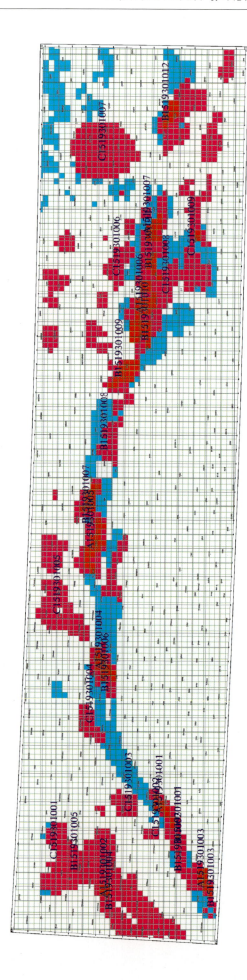

图 5-30 东升庙-甲生盘预测工作区预测单元图

第四节 最小预测区优选

一、预测要素应用及变量确定

由于模型区的选择对以后的预测结果有很大的影响,因此模型区的选择这一步显然非常重要。模型区选择的主要依据包括以下两个方面:一是工作程度要高,根据矿床的勘探或详查资料详细程度,尽量选择研究程度高的单元,使大多数单元具有一定的可靠性;二是要有代表性,模型区应尽可能包含所有的预测要素,并拥有已探明的储量报告。

本次预测选取了 7 个模型区。地层、含矿岩系、成矿时代和矿点因素对相应类型硫铁矿的成矿作用最大,其他要素次之。

叠加含矿岩系图层和矿点图层,发现所有硫铁矿床(点)分布的最小预测区全部被保留,绝大部分有含矿岩系存在的最小预测区被保留。

然后对保留下来的预测工作区再根据预测要素进行分类。有地层、物化遥异常、控矿构造和矿床(点)的圈为 A 类最小预测区;有地层、控矿构造、物化遥异常圈为 B 类最小预测区;只有地层、控矿构造或物化遥异常的(三选二)圈为 C 类最小预测区。

二、最小预测区评述

通过预测工作区优选,最终保留最小预测区 109 个,最小预测区面积约 2704.25km^2,其中 A 类预测区 25 个,B 类预测区 30 个,C 类预测区 54 个。

1. 东升庙-甲生盘预测工作区

本区地处狼山-白云鄂博裂谷带,构造线总体走向北东、北东东,狼山复背斜控制着区内硫铁矿和其他矿产的分布。炭窑口硫铁矿即赋存于狼山复背斜北翼,含矿地层为走向北东、倾向北西、倾角 50°~70°的单斜构造。

从区域上看,预测工作区位于内蒙古自治区中部,预测工作区北部为巴彦乌拉山-大青山重力高值带,南部为吉兰泰-杭锦后旗-包头-呼和浩特重力低值带,异常均呈东西向带状展布。

东升庙-甲生盘沉积变质型硫铁矿含矿岩系为中新元古界渣尔泰山群阿古鲁沟组,含矿岩性主要为碳质细晶灰岩、碳质板岩、千枚状碳质粉砂质板岩。

2. 房塔沟-榆树湾预测工作区

房塔沟-榆树湾沉积型硫铁矿床产于中石炭统底部的铝土页岩中,岩层延深稍呈波状构造,即随奥陶纪石灰岩风化壳变化,矿层走向为 NW20°,倾向南西,倾角为 5°~10°。

本预测工作区内断裂构造并不发育,以北西-南东向为主,具体代表性的为公盖梁南部的正断层。

3. 别鲁乌图-白乃庙预测工作区

该预测工作区位于华北板块北缘深断裂北侧,出露地层有古元古代片麻岩、变粒岩;中元古代白乃庙组基性—中酸性火山岩及其碎屑岩；早古生代、晚志留世地层和晚古生代、晚石炭世基性—中酸性火山岩及二叠纪火山岩、碎屑岩；中生代晚侏罗世酸性火山岩及其碎屑岩。岩浆活动强烈，而与铜、硫成矿有关的岩浆岩为海西晚期花岗岩和燕山早期超浅成花岗斑岩。该区构造呈东西向展布，而控制成矿的断裂构造为白乃庙-镶黄旗断裂，其与被动先断裂的交会处往往是成矿的有利部位。

4. 朝不楞-霍林河预测工作区

该预测工作区含矿岩系为中上泥盆统塔尔巴格特组，即与燕山期中性—酸性侵入岩接触带的外接触带中矽卡岩带是铁多金属矿床形成的有利构造部位。

该区断裂构造也较发育，大致可分为北东向、北北东向和北西向3组。其中以北东向最发育，多发生在加里东期和海西期，而北北东向和北西向多发生在燕山期。与岩浆岩有关的矿床、矿点及推断与矿有关的磁异常呈北东向带状分布，主要是受北东向区域构造控制，燕山早期第二次黑云母花岗岩（$\gamma_5^{2(2)}$）侵入到中奥陶统汉乌拉组下岩段（O_2h）和中上泥盆统塔尔巴格特组下岩段（$D_{2-3}t^1$）地层中，在成矿有利的外接触带内，形成矽卡岩型铁、锰多金属矿床，沿断裂破碎带的某些地段有时发生热液型磁铁矿化作用，矿带、矿体的分布与北东向断裂破碎带有关。

5. 拜仁达坝-哈拉白旗预测工作区

本预测工作区内海西期石英闪长岩-闪长岩为硫铁矿的形成提供热源。

区内褶皱构造由米生庙复背斜和一系列的小背斜、向斜组成，褶皱轴向为北东向，由锡林郭勒杂岩组成复背斜轴部，石炭系、二叠系组成翼部。断裂构造以北东向压性断裂为主，其次为北西向张性断裂，而近东西向压扭性断裂不甚发育，但拜仁达坝矿床矿体受东西向压扭断层控制。

6. 六一-十五里堆预测工作区

该预测工作区位于内蒙-大兴安岭海西中期褶皱系、大兴安岭海西中期褶皱带、三河镇复向斜内，属得尔布尔-黑山头中断陷和东南沟中坳陷交会部位。

本区硫铁矿床赋存在片岩带中。片岩带则赋存于酸性熔岩和凝灰质中酸性熔岩的过渡带中，此带与上下熔岩大致呈过渡关系。

7. 驼峰山-孟恩陶力盖预测工作区

本区构造线总体呈北东向，主体为大区域上的天山复式背斜。由于经历多期次构造活动的影响，背斜轴部及两翼东西向、北东向、北西向断裂构造发育，大部地区形成菱形断块或棋盘格式构造。

与硫铁矿矿床形成有直接相关的火山岩建造为大石寨组流纹质凝灰岩建造，主要岩性为流纹质凝灰岩；英安质凝灰岩建造，主要岩性为英安质凝灰岩；安山岩夹凝灰质砂岩建造，主要岩性为安山岩夹凝灰质砂岩。建造总厚度1120m，火山喷发旋回为大石寨旋回，岩石成因类型为壳幔混合源。

第五节　预测成果

在7个预测工作区内，采用地质体积参数法进行资源量预测。

一、模型区含矿系数确定

模型区含矿系数采用以下方法确定：

(1) 模型区含矿系数＝模型区资源总量/(模型区总体积×含矿地质体面积参数)。

(2) 模型区总体积＝模型区面积×模型区延深。

其中,含矿地质体面积参数按全国矿产资源潜力评价项目组《预测资源量估算技术要求》(2010年补充)规定,根据不同预测方法类型、不同预测工作区分别确定。模型区延深一般与典型矿床延深一致。

二、最小预测区预测资源量

(一)估算参数的确定

1. 面积参数

采用最小预测区水平投影面积。首先利用特征分析法,采用地质单元,在MRAS2.0下进行最小预测区的圈定与优选。然后利用MapGIS软件,根据优选结果直接在预测底图上量取最小预测区面积。

2. 延深参数的确定

延深是指含矿地质体在倾向上的长度,有些产状不明确者,相当于垂直深度。延深的确定是在研究最小预测区含矿地质体地质特征、岩体的形成深度、矿化蚀变、矿化类型和对比典型矿床特征的基础上综合确定的,部分由成矿带模型类比或专家估计给出。

3. 品位和体重的确定

各预测工作区最小预测区品位、体重均采用预测工作区内典型矿床或模型矿床勘查报告中的数据。

4. 相似系数的确定

各预测工作区最小预测区相似系数的确定,主要依据最小预测区内含矿岩系、含矿岩体、地质构造发育程度不同及矿(化)点的多少等因素综合确定。

(二)最小预测区预测资源量

估算方法采用地质体积法与脉体含矿率类比法相结合的形式,根据预测资源量估算公式:

$$Z_{预}=S_{预}\times H_{预}\times K_S\times K\times \alpha$$

式中,$Z_{预}$为预测工作区预测资源量;$S_{预}$为预测工作区面积;$H_{预}$为预测工作区延深(指预测区含矿地质体延深);K_S为含矿地质体面积参数;K为模型区矿床的含矿系数;α为相似系数。

求得最小预测区资源量,详见表5-35～表5-41(表中$Z_{查}$一列数据为最小预测区内已查明资源量)。

表5-35 东升庙-甲生盘预测工作区预测成果表

最小预测区编号	最小预测区名称	$S_{预}$ (m²)	$H_{预}$ (m)	K_S	K (t/m³)	α	$Z_{查}$ (×10⁴t)	$Z_{预}$ (×10⁴t)	资源量级别
A1519301001	必其格图	42 111 930	810	1.0	0.011 70	1.00	23 907.86	16 001.61	334-1
A1519301002	乌尔图	72 366 235	800	0.6	0.004 30	0.50		7468.20	334-1
A1519301003	阿布亥拜兴	34 561 813	700	1.0	0.004 30	1.00	6865.33	3537.78	334-1
A1519301004	乌兰呼都格	64 334 795	700	0.40	0.011 70	0.4	647.20	7783.23	334-1
A1519301005	巴音乌兰	64 530 414	700	0.4	0.011 70	0.30		6342.05	334-2

续表 5-35

最小预测区编号	最小预测区名称	$S_{预}$ (m^2)	$H_{预}$ (m)	K_S	K (t/m^3)	α	$Z_{查}$ ($\times 10^4$ t)	$Z_{预}$ ($\times 10^4$ t)	资源量级别
A1519301006	刘鸿湾	118 855 136	700	1.0	0.003 02	1.00	17 192.98	7933.00	334-1
A1519301007	煤窑沟	69 282 993	700	0.3	0.003 02	0.30		1318.18	334-1
B1519301001	巴彦布拉格镇	53 355 880	800	0.3	0.011 70	0.30		4494.70	334-3
B1519301002	乌勒扎尔	54 826 702	600	0.2	0.004 30	0.30		848.72	334-3
B1519301003	西补隆嘎查	40 696 963	700	0.5	0.004 30	0.50		3062.45	334-3
B1519301004	乌布其力	45 035 838	700	0.2	0.004 30	0.20		542.23	334-3
B1519301005	呼和套勒盖	63 714 274	600	0.1	0.004 30	0.10		164.38	334-3
B1519301006	宰桑高勒	68 319 010	600	0.2	0.011 70	0.30		2877.60	334-3
B1519301007	乌兰霍托勒	86 865 410	700	0.2	0.011 70	0.20		2845.71	334-3
B1519301008	大圣沟	72 804 498	700	0.1	0.003 02	0.10		153.91	334-3
B1519301009	台路沟	95 136 461	800	0.1	0.003 02	0.10		229.85	334-3
B1519301010	倒拉胡图	79 115 455	800	0.4	0.003 02	0.30		2293.72	334-3
B1519301011	后营盘	95 879 300	800	0.2	0.003 02	0.30		1389.87	334-3
B1519301012	大南沟	61 407 715	700	0.1	0.003 02	0.10		129.82	334-3
C1519301001	浩森浩来	83 487 959	800	0.1	0.011 70	0.10		781.45	334-3
C1519301002	布拉格图音阿木	68 590 466	700	0.1	0.011 70	0.10		561.76	334-3
C1519301003	沙尔霍托勒	84 313 283	800	0.1	0.011 70	0.10		789.17	334-3
C1519301004	哈尔套勒盖	90 349 429	800	0.1	0.011 70	0.10		845.67	334-3
C1519301005	乌珠尔嘎查	64 691 807	700	0.1	0.011 70	0.10		529.82	334-3
C1519301006	伊和敖包村南	71 681 109	800	0.1	0.003 02	0.10		173.17	334-3
C1519301007	红泥井乡	91 315 193	800	0.1	0.003 02	0.10		220.61	334-3
C1519301008	头分子村东	66 576 646	800	0.2	0.003 02	0.20		643.39	334-3
C1519301009	王成沟	97 462 963	900	0.1	0.003 02	0.12		317.88	334-3
预测总计							48 613.37	74 279.93	

表 5-36 房塔沟-榆树湾预测工作区预测成果表

最小预测区编号	最小预测区名称	$S_{预}$ (m^2)	$H_{预}$ (m)	K_S	K (t/m^3)	α	$Z_{查}$ ($\times 10^4$ t)	$Z_{预}$ ($\times 10^4$ t)	资源量级别
A1519101001	浪上	2 587 879	5	1.00	0.297 63	1.00	165.60	219.51	334-1
A1519101002	戚家沟	1 817 657	5	0.70	0.297 63	0.80	124.20	27.28	334-1
B1519101001	后阳塔南	3 132 253	5	0.50	0.297 63	0.70		163.14	334-2
B1519101002	吕家窑子	522 043	5	0.50	0.297 63	0.75		29.13	334-2
B1519101003	窑沟乡	571 700	5	0.50	0.297 63	0.70		29.78	334-2
B1519101004	1296 高地南	257 087	4.5	0.50	0.297 63	0.70		12.05	334-3

续表 5-36

最小预测区编号	最小预测区名称	$S_{预}$ (m²)	$H_{预}$ (m)	K_S	K (t/m³)	α	$Z_{查}$ (×10⁴t)	$Z_{预}$ (×10⁴t)	资源量级别
B1519101005	1165 高地东北	473 660	4.5	0.50	0.297 63	0.70		22.20	334-3
B1519101006	1174 高地	904 890	5	0.50	0.297 63	0.70		47.13	334-3
C1519101001	公盖梁西北	101 236	5	0.50	0.297 63	0.70		5.27	334-3
C1519101002	公盖梁南	524 206	5	0.50	0.297 63	0.70		27.30	334-3
C1519101003	老赵山梁东南	691 865	4.5	0.50	0.297 63	0.70		32.43	334-3
C1519101004	红水沟西	836 735	4.5	0.50	0.297 63	0.65		36.42	334-3
C1519101005	红水沟北	288 648	4.5	0.45	0.297 63	0.65		11.31	334-3
C1519101006	1327 高地北	533 197	4.5	0.45	0.297 63	0.65		20.89	334-3
C1519101007	黑矾沟西南	241 092	4.0	0.45	0.297 63	0.65		8.40	334-3
C1519101008	1529 高地西	141 774	4.5	0.45	0.297 63	0.65		6.17	334-3
C1519101009	黑矾沟西	346 187	4.0	0.45	0.297 63	0.65		12.06	334-3
C1519101010	1255 高地东南	93 297	4.0	0.50	0.297 63	0.65		3.61	334-3
C1519101011	1255 高地东	101 021	4.0	0.45	0.297 63	0.65		3.52	334-3
C1519101012	1157 高地北	402 084	4.5	0.45	0.297 63	0.65		17.51	334-3
C1519101013	1243 高地东	373 607	5.0	0.45	0.297 63	0.65		16.26	334-3
C1519101014	1137 高地东	306 494	5.0	0.50	0.297 63	0.65		14.82	334-3
C1519101015	1165 高地南	366 492	4.0	0.50	0.297 63	0.65		14.18	334-3
C1519101016	1221 高地	2 249 530	4.0	0.50	0.297 63	0.65		87.04	334-3
C1519101017	小缸房乡北	273 153	4.5	0.45	0.297 63	0.65		10.70	334-3
C1519101018	小河畔	158 414	4.5	0.45	0.297 63	0.65		6.21	334-3
C1519101019	小河畔西北	109 577	4.5	0.45	0.297 63	0.65		3.82	334-3
C1519101020	1085 高地东	240 412	4.0	0.45	0.297 63	0.65		8.37	334-3
预测总计							289.80	896.51	

表 5-37 别鲁乌图-白乃庙预测工作区预测成果表

最小预测区编号	最小预测区名称	$S_{预}$ (m²)	$H_{预}$ (m)	K_S	K (t/m³)	α	$Z_{查}$ (×10⁴t)	$Z_{预}$ (×10⁴t)	资源量级别
A1519102001	朱日和别鲁乌图	1 464 790	730	1.00	0.018 77	1.00	1371.43	635.64	334-1
A1519102002	白乃庙	2 947 013	300	0.35	0.018 77	0.23	63.70	69.89	334-1
A1519102003	巴彦高勒嘎查南西	812 108	200	0.63	0.018 77	0.42		80.67	334-2
A1519102004	别鲁乌图南	3 934 790	350	0.37	0.018 77	0.36		344.32	334-1
A1519102005	别鲁乌图北西	2 690 334	250	0.48	0.018 77	0.56		339.34	334-1
B1519102001	冲格热格南	2 242 698	200	0.42	0.018 77	0.33		116.68	334-2
B1519102002	木拉格尔	7 636 997	600	0.34	0.018 77	0.16		467.87	334-2

续表 5-37

最小预测区编号	最小预测区名称	$S_{预}$ (m²)	$H_{预}$ (m)	K_S	K (t/m³)	α	$Z_{查}$ (×10⁴t)	$Z_{预}$ (×10⁴t)	资源量级别
B1519102003	拉格图	3 025 934	280	0.38	0.018 77	0.3		181.30	334-2
B1519102004	毕鲁图嘎查西	159 554	200	0.48	0.018 77	0.3		8.63	334-2
B1519102005	木拉格尔北	8 195 679	700	0.27	0.018 77	0.15		436.12	334-2
B1519102006	别鲁乌图北东	1 487 079	300	0.56	0.018 77	0.26		121.92	334-1
B1519102007	都仁乌力吉苏木朱日	772 542	200	0.39	0.018 77	0.40		45.24	334-1
C1519102001	套郭诺图	17 948 177	1000	0.11	0.018 77	0.10		370.58	334-3
C1519102002	道德木哈尔	527 775	200	0.49	0.018 77	0.20		19.42	334-3
C1519102003	巴彦高勒嘎查西	400 059	200	0.36	0.018 77	0.20		10.81	334-1
C1519102004	查干德日斯	7 696 996	800	0.35	0.018 77	0.10		404.52	334-2
C1519102005	巴彦高勒嘎查南西	201 969	200	0.49	0.018 77	0.20		7.43	334-2
C1519102006	查干乌拉嘎查	5 335 892	400	0.28	0.018 77	0.12		134.61	334-2
	预测总计						1435.13	3794.99	

表 5-38 六一-十五里堆预测工作区预测成果表

最小预测区编号	最小预测区名称	$S_{预}$ (m²)	$H_{预}$ (m)	K_S	K (t/m³)	α	$Z_{查}$ (×10⁴t)	$Z_{预}$ (×10⁴t)	资源量级别
A1519401001	六一	5 912 563	570	0.2	0.014 55	1.0	606.34	374.38	334-1
A1519401002	十五里堆	763 138	570	1.0	0.014 55	1.0	587.95	44.96	334-2
B1519401001	六一东北	3 761 427	570	0.2	0.014 55	0.5		311.95	334-3
C1519401001	沙布日廷浑迪	1 249 499	570	0.2	0.014 55	0.5		103.63	334-3
C1519401002	沙布日廷浑迪东	5 281 027	570	0.2	0.014 55	0.5		437.98	334-3
	预测总计						1194.29	1272.90	

表 5-39 朝不楞-霍林河预测工作区预测成果表

最小预测区编号	最小预测区名称	$S_{预}$ (m²)	$H_{预}$ (m)	K_S	K(t/m³)	α	$Z_{查}$(×10⁴t) 矿石量	$Z_{查}$(×10⁴t) 硫储量	$Z_{预}$ (×10⁴t)	资源量级别
A1519601001	朝不楞	4 265 372	250	1	0.0033	1.0	390.83	64.80	287.09	334-1
B1519601001	朝不楞北	6 494 947	250	0.3	0.0033	0.4			64.30	334-2
C1519601001	朝不楞东北	32 239 089	250	0.1	0.0033	0.2			53.19	334-3
C1519601002	朝不楞北	6 504 716	250	0.1	0.0033	0.2			10.73	334-3
C1519601003	海拉斯台牧点北	9 009 491	250	0.1	0.0033	0.2			14.87	334-3
C1519601004	朝不楞西	8 906 608	250	0.1	0.0033	0.2			14.70	334-3
C1519601005	海拉斯台牧点	2 493 721	250	0.1	0.0033	0.2			4.11	334-3
C1519601006	套森淖尔嘎查东南	3 322 140	250	0.1	0.0033	0.2			5.48	334-3

续表 5-39

最小预测区编号	最小预测区名称	$S_{预}$ (m²)	$H_{预}$ (m)	K_S	K(t/m³)	α	$Z_{查}$(×10⁴t) 矿石量	$Z_{查}$(×10⁴t) 硫储量	$Z_{预}$ (×10⁴t)	资源量级别
C1519601007	额仁戈比东	5 632 840	250	0.1	0.0033	0.2			9.29	334-3
C1519601008	浩勒包嘎查西南	12 342 571	250	0.1	0.0033	0.2			20.37	334-3
C1519601009	浩勒包嘎查南	10 753 042	250	0.1	0.0033	0.2			17.74	334-3
C1519601010	额仁戈比南	17 956 402	250	0.1	0.0033	0.2			29.63	334-3
C1519601011	散格拉斯特好勒	3 083 366	250	0.1	0.0033	0.2			5.09	334-3
C1519601012	阿尔善布拉格西	7 246 733	250	0.1	0.0033	0.2			11.96	334-3
	预测总计						390.83	64.80	548.55	

表 5-40 拜仁达坝-哈拉白旗预测工作区预测成果表

最小预测区编号	最小预测区名称	预测铅资源量(t)	预测锌资源量(t)	预测铅+锌资源量(t)	伴生硫铁矿含矿率	查明伴生硫资源量(×10⁴t) 矿石量	查明伴生硫资源量(×10⁴t) 硫储量	预测伴生硫资源量(×10⁴t)	资源量级别
A1519201001	拜仁达坝	724 728	1 542 856	2 267 584	0.4565	154.50	25.63	77.88	334-1
A1519201002	维拉斯托	509 216	1 084 058	1 593 274	0.4565			72.73	334-1
A1519201003	巴彦乌拉嘎查	26 422	56 248	82 670	0.4565			3.77	334-2
A1519201004	呼和锡勒嘎查东	61 629	131 201	192 830	0.4565			8.81	334-2
A1519201005	双井店乡北	40 323	85 843	126 166	0.4565			5.76	334-3
B1519201001	巴彦宝拉格嘎查	28 619	60 925	89 544	0.4565			4.09	334-2
B1519201002	古尔班沟	42 954	91 443	134 397	0.4565			6.13	334-2
B1519201003	萨仁图嘎查北	26 313	56 017	82 330	0.4565			3.76	334-2
B1519201004	巴彦布拉格嘎查	84 673	180 259	264 932	0.4565			12.09	334-2
B1519201005	井沟子南	12 668	26 968	39 636	0.4565			1.82	334-2
C1519201001	乌兰和布日嘎查	20 600	43 854	64 454	0.4565			2.94	334-3
C1519201002	乌兰和布日嘎查	60 213	128 186	188 399	0.4565			8.60	334-3
C1519201003	冬营点	22 692	48 308	71 000	0.4565			3.24	334-3
预测总计		1 661 050	3 536 166	5 197 216		154.50	25.63	211.62	

表 5-41 驼峰山－孟恩陶力盖预测工作区预测成果表

最小预测区编号	最小预测区名称	$S_{预}$ (m²)	$H_{预}$ (m)	K_S	K (t/m³)	α	$Z_{查}$ (×10⁴t)	$Z_{预}$ (×10⁴t)	资源量级别
A1519402001	驼峰山	2 113 591	180	1.00	0.008 02	1.00	277.00	28.12	334-1
A1519402002	461 高地西北	1 964 830	175	0.35	0.008 02	0.55		53.09	334-2
A1519402003	598 高地西	1 560 943	175	0.25	0.008 02	0.45		24.65	334-2
A1519402004	小新庙村西	644 352	150	0.25	0.008 02	0.45		8.72	334-2
A1519402005	上洼村南	4 086 752	165	0.25	0.008 02	0.25		33.80	334-2

续表 5-41

最小预测区编号	最小预测区名称	$S_{预}$ (m^2)	$H_{预}$ (m)	K_S	K (t/m³)	α	$Z_{查}$ (×10⁴t)	$Z_{预}$ (×10⁴t)	资源量级别
A1519402006	789 高地	12 627 713	165	0.15	0.008 02	0.25		62.66	334-3
A1519402007	485 高地北	5 906 959	165	0.25	0.008 02	0.35		68.40	334-3
A1519402008	511 高地	12 198 285	145	0.25	0.008 02	0.25		88.66	334-3
A1519402009	309 高地西北	5 562 480	155	0.25	0.008 02	0.25		43.22	334-3
B1519402001	643 高地北	5 508 963	150	0.15	0.008 02	0.20		19.87	334-3
B1519402002	孤山子村西北	3 487 780	155	0.15	0.008 02	0.25		16.26	334-3
B1519402003	616 高地东	10 137 772	120	0.25	0.008 02	0.35		85.37	334-3
B1519402004	583 高地北	3 900 533	150	0.15	0.008 02	0.30		21.12	334-3
B1519402005	437 高地	4 633 914	145	0.15	0.008 02	0.20		16.17	334-3
C1519402001	1055 高地	32 869 617	150	0.15	0.008 02	0.20		118.63	334-3
C1519402002	568 高地	6 695 023	145	0.15	0.008 02	0.20		23.35	334-3
C1519402003	607 高地	6 472 762	150	0.15	0.008 02	0.20		23.35	334-3
C1519402004	温都尔花嘎查西南	6 554 064	145	0.25	0.008 02	0.25		47.64	334-3
C1519402005	607 高地东	2 854 858	135	0.15	0.008 02	0.35		16.23	334-3
C1519402006	北沟村东	1 595 213	135	0.15	0.008 02	0.35		9.07	334-3
C1519402007	542 高地西	5 354 668	125	0.15	0.008 02	0.20		16.10	334-3
C1519402008	400 高地北	2 253 548	155	0.15	0.008 02	0.20		8.40	334-3
C1519402009	中乌嘎拉吉嘎查东北	8 904 437	125	0.15	0.008 02	0.20		26.78	334-3
C1519402010	534 高地	12 853 078	115	0.15	0.008 02	0.20		35.56	334-3
C1519402011	859 高地东南	4 550 923	135	0.25	0.008 02	0.20		24.64	334-3
C1519402012	罕山村北	1 723 774	125	0.15	0.008 02	0.25		6.48	334-3
C1519402013	521 高地西北	2 368 276	155	0.15	0.008 02	0.15		8.83	334-3
C1519402014	香山镇北	2 898 818	135	0.15	0.008 02	0.20		9.42	334-3
C1519402015	296 高地东北	5 954 838	125	0.15	0.008 02	0.20		17.91	334-3
C1519402016	IXX8 高地北	2 030 144	115	0.15	0.008 02	0.20		5.62	334-3
C1519402017	692 高地西	9 709 505	115	0.15	0.008 02	0.20		26.86	334-3
	预测总计						277.00	994.98	

内蒙古自治区预测硫铁矿资源总量为 81 239.31×10⁴t(不包括伴生硫铁矿)，其中沉积变质型硫铁矿预测资源量为 74 279.93×10⁴t，沉积型硫铁矿预测资源量为 896.51×10⁴t，岩浆岩型硫铁矿预测资源量为 3794.99×10⁴t，海相火山岩型硫铁矿预测资源量 2267.87×10⁴t。

第六章 硫铁矿资源潜力分析

第一节 硫铁矿预测资源量与资源现状对比

截至 2009 年底，内蒙古自治区共有单一或以硫铁矿为主的矿产地 7 处，共生硫铁矿 10 处，伴生硫铁矿 20 处，累计查明硫铁矿资源储量为 52 135.70×10^4 t，伴生硫铁矿 1052.10×10^4 t。2009 年新增硫铁矿产地 1 处，伴生硫铁矿 1 处，新增查明硫铁矿资源储量 276.96×10^4 t，伴生硫铁矿 17.11×10^4 t。

截至 2009 年底，全区硫铁矿保有资源储量 50 205.00×10^4 t，伴生硫铁矿 1043.6×10^4 t，居全国第七位。其中，硫铁矿石基础储量 17 485.50×10^4 t，资源量 32 719.50×10^4 t，基础储量和资源量分别占保有资源储量的 34.8% 和 65.2%。与 2008 年相比，因矿山资源储量核实，硫铁矿保有资源储量净增 6315.42×10^4 t，增长了 14.4%。

除伴生硫铁矿外，内蒙古自治区查明的硫铁矿资源主要分布在包头市、赤峰市、鄂尔多斯市、呼伦贝尔市、巴彦淖尔市和锡林郭勒盟，但又集中在巴彦淖尔市，查明有东升庙、炭窑口、甲生盘、山片沟、对门山等大中型硫铁矿多金属矿区，保有资源储量占全区的 93.3%。

本次在 7 个预测工作区内预测硫铁矿资源总量 81 239.31×10^4 t（不包括伴生硫铁矿），预测资源量约为查明资源量的 1.56 倍。

第二节 预测资源量潜力分析

内蒙古自治区硫铁矿有共生硫铁矿和伴生硫铁矿，没有发现自然硫。

根据预测资源总量和查明资源总量对比来看，内蒙古自治区预测资源量可利用性及可信度较高。

全区硫铁矿预测资源量按照预测深度、精度、可利用性和资源量可信度统计结果见表 6-1 和图 6-1～图 6-5。

表 6-1 内蒙古硫铁矿预测资源量综合分类统计表　　　　　　单位：×10^4 t

按预测深度			按精度		
500m 以浅	1000m 以浅	2000m 以浅	334-1	334-2	334-3
56 522.271	81 239.309	81 239.309	46 258.442	8567.147	26 413.72
合计：81 239.309			合计：81 239.309		
按可利用性			按可信度		
可利用		暂不可利用	≥0.75	≥0.5	≥0.25
56 619.473		24 619.836	50 946.115	73 203.174	81 239.309
合计：81 239.309			合计：81 239.309		

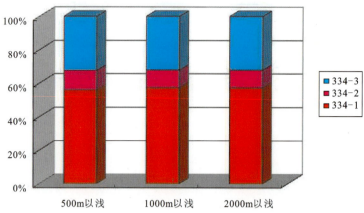

图 6-1　内蒙古自治区硫铁矿预测资源量按深度统计图

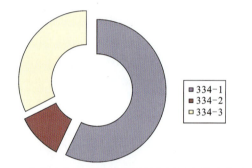

图 6-2　内蒙古自治区硫铁矿预测资源量按精度统计图

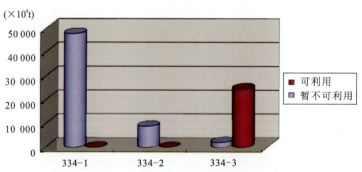

图 6-3　内蒙古自治区硫铁矿预测资源量按可利用性统计图

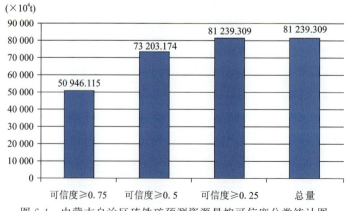

图 6-4　内蒙古自治区硫铁矿预测资源量按可信度分类统计图

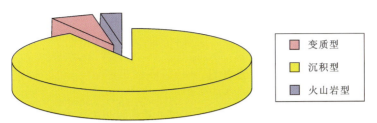

图 6-5　内蒙古自治区硫铁矿预测资源量按预测方法类型统计图

第三节　勘查部署建议

一、部署原则

部署原则主要以硫铁矿为主,以探求新的矿产地及新增资源储量为目标,开展区域矿产资源预测综合研究及重要找矿远景区矿产普查工作。

(1)开展矿产预测综合研究。以本次硫铁矿预测成果为基础,进一步综合区域地、物、化、遥资料,应用成矿系列理论,进行成矿规律、矿产预测等综合研究,合理圈定找矿远景区,为矿产勘查部署提供依据。

(2)开展矿产勘查工作。依据本次硫铁矿预测结果,结合已发现硫铁矿床分布特点及其品位变化情况,进行矿产勘查工作部署。在已知矿区的外围及深部部署矿产勘查工作,充分利用预测成果,结合预测资源量的可利用性情况,在矿点和本次预测成果中的 A、B 级优选区相对集中的地区部署矿产详查工作,在找矿远景区内部署矿产普查工作。

二、主攻矿床类型

不同成矿区带有不同的成矿环境和不同主要矿床。

(1)与中元古代基性—中酸性火山作用有关的金、铁、铅、锌、铜硫矿床成矿系列:中元古代火山喷流-沉积型硫多金属矿。

(2)与海西期中酸性岩浆活动有关的铜多金属矿床和金矿床成矿亚系列:晚石炭世火山喷流-沉积型和热液型铜多金属矿。

(3)与海西期基性—中酸性岩浆运动有关的铁(锌)、硫(铜)矿床成矿亚系列:石炭纪火山-沉积型硫铁矿。

(4)与燕山期酸性岩浆活动有关的铁、锌、铅、铜、钨、银矿床成矿亚系列:海西早期接触交代型铁多金属矿(朝不楞式)。

(5)与海陆过渡相沉积有关的铁、铝、煤、油页岩、黄铁矿、耐火黏土、高岭土矿床成矿系列:石炭纪沉积型硫铁矿。

三、找矿远景区工作部署建议

(一)东升庙-甲生盘硫铁矿找矿远景区

东升庙-甲生盘沉积变质型硫铁矿含矿岩系为中新元古界渣尔泰山群阿古鲁沟组,含矿岩性主要为碳质细晶灰岩、碳质板岩、千枚状碳质粉砂质板岩。

本区地处狼山-白云鄂博裂谷带,构造线总体走向北东、北东东,狼山复背斜控制着区内硫铁矿和其他矿产的分布。炭窑口硫铁矿即赋存于狼山复背斜北翼,含矿地层为走向北东、倾向北西、倾角50°~70°的单斜构造。

从区域上看,远景区位于内蒙古自治区中部,远景区北部为巴彦乌拉山-大青山重力高值带,南部为吉兰泰-杭锦后旗-包头-呼和浩特重力低值带,异常均呈东西向带状展布。

从布格重力异常图上看,远景区区域重力场大致以对门山硫多金属矿为界,其西重力场总体为北东走向,其东重力场总体为近东西走向,反映了远景区的总体构造格架特征。区域重力场最低值-228.47×10^{-5} m/s^2,最高值-115.26×10^{-5} m/s^2。在对门山硫多金属矿南面有一条弯曲狭长的梯级带,故推断此处有断裂存在,即F蒙-02037。工作部署建议见表6-2。

表6-2 东升庙-甲生盘找矿远景区工作部署建议表

勘查阶段	远景区名称	面积(km^2)	主攻矿床类型	备注
普查	乌拉特后旗地区	1776.64	沉积变质型硫铁矿	包含B级区1个,C级区3个
	乌加河镇地区	1914.02		包含A级区1个,B级区3个,C级区1个
详查	对门山地区	454.96		包含A级区1个,B级区1个,
勘探	炭窑口-东升庙-霍各乞地区	1607.84		包含A级区3个,B级区4个,C级区1个
	甲生盘-山片沟地区	1464.71		包含A级区2个,B级区2个,C级区3个

(二)房塔沟-榆树湾硫铁矿找矿远景区

房塔沟-榆树湾沉积型硫铁矿床产于中石炭统底部的铝土页岩中,岩层延深稍呈波状形构造,随奥陶纪石灰岩风化壳变化,矿层走向呈NW20°,倾向南西,倾角为5°~10°。

本预测工作区内断裂构造并不发育,以北西-南东向为主,具有代表性的为公盖梁南部的正断层。

在剩余重力异常图上,远景区东部为呈近北北东向展布的条带状剩余重力正异常,即G蒙-622,这一区域地表出露寒武纪和太古宙地层,故推断此正异常是由古生代、太古宙地层引起的。预测工作区西部为剩余重力负异常带,此区域主要被第三系覆盖,推断此负异常带是由中新生代坳陷盆地引起的。工作部署建议见表6-3。

表6-3 房塔沟-榆树湾找矿远景区工作部署建议表

勘查阶段	远景区名称	面积(km^2)	主攻矿床类型	备注
普查	喇嘛湾镇南部地区	150 011	沉积型硫铁矿	包含B级区6个,C级区17个
详查	榆树湾地区	150 010		包含A级区2个,C级区3个

(三)别鲁乌图-白乃庙硫铁矿找矿远景区

该找矿远景区位于华北板块北缘深断裂北侧,出露地层有古元古代片麻岩、变粒岩;中元古界白乃庙群基性—中酸性火山岩及其碎屑岩;早古生代、晚志留世地层和晚古生代、晚石炭世基性—中酸性火山岩及二叠纪火山岩、碎屑岩;中生代晚侏罗世酸性火山岩及其碎屑岩。岩浆活动强烈,而与铜、硫成矿有关的岩浆岩为海西晚期花岗岩和燕山早期超浅成花岗斑岩。该区构造呈东西展布,而控制成矿的断裂构造为白乃庙-镶黄旗断裂,其与被动早期断裂的交会处,往往是成矿有利部位。

从布格重力异常图上看,预测工作区区域重力场总体为北东走向。以苏尼特右旗别鲁乌图硫铁矿为界,其北部布格重力异常值相对较高,其极值为$(-149.69\sim-114.96)\times10^{-5}m/s^2$。其南部布格重力异常值相对较低,其极值为$(-180.41\sim-146.17)\times10^{-5}m/s^2$。布格重力异常形态多为椭圆状、等轴状。工作部署建议见表6-4。

表6-4 别鲁乌图-白乃庙找矿远景区工作部署建议表

勘查阶段	远景区名称	面积(km²)	主攻矿床类型	备注
普查	查干德日斯地区	557.97	岩浆热液型硫铁矿	包含C级区1个
详查	朱日和镇-都仁乌力吉苏木朱日地区	487.12		包含B级区4个,C级区2个
勘探	别鲁乌图地区	222.15		包含A级区4个,B级区3个,C级区2个
	白乃庙地区	150.14		包含A级区1个

(四)朝不楞-霍林河伴生硫铁矿找矿远景区

该远景区含矿岩系为中上泥盆统塔尔巴格特组,即与燕山期中性—酸性侵入岩接触带的外接触带中矽卡岩带是铁多金属矿床形成的有利构造部位。

远景区断裂构造较发育,大致可分为北东向、北北东向和北西向3组,其中以北东向最发育,多发生在加里东期和海西期,而北北东向和北西向多发生在燕山期。与岩浆岩有关的矿床、矿点及推断与矿有关的磁异常呈北东向带状分布,主要是受北东向区域构造所控制,燕山早期第二次黑云母花岗岩($\gamma_5^{2(2)}$)侵入到中奥陶统汉乌拉组下岩段(O_2h)和中上泥盆统塔尔巴格特组下岩段($D_{2-3}t^1$)地层中,在成矿有利的外接触带内,形成矽卡岩型铁、锰、多金属矿床,沿断裂破碎带的某些地段有时发生热液型磁铁矿化作用,矿带、矿体的分布与北东向断裂破碎带有关。

布格重力异常呈高低相间分布的特征,形成多处局部重力高和局部重力低值区。极值范围是$(-127.56\sim-64.48)\times10^{-5}m/s^2$,在预测工作区西北部存在明显的梯级带,推断有断裂存在。工作部署建议见表6-5。

表6-5 朝不楞-霍林河找矿远景区工作部署建议表

勘查阶段	远景区名称	面积(km²)	主攻矿床类型	备注
普查	查干楚鲁图-巴嘎都勒其地区	3786.04	岩浆热液型硫铁矿	包含C级区6个
勘探	朝不楞地区	280.45		包含A级区1个,B级区1个,C级区3个

(五)拜仁达坝-哈拉白旗伴生硫铁矿找矿远景区

该远景区内褶皱构造由米生庙复背斜和一系列的小背斜、向斜组成,褶皱轴向为北东向,由锡林郭勒杂岩组成复背斜轴部,石炭系、二叠系组成翼部。断裂构造以北东向压性断裂为主,其次为北西向张性断裂,而近东西向压扭性断裂不甚发育,但拜仁达坝矿床矿体受东西向压扭断层控制。海西期石英闪长岩-闪长岩为硫铁矿的形成提供热源。

远景区从整体来看布格重力异常呈北北东向展布,东南部布格重力异常值相对高,极值范围(-81.15~-19.60)$\times 10^{-5}$ m/s^2,其余部分布格重力异常值相对低,极值为(-70.02~150.20)$\times 10^{-5}$ m/s^2,预测工作区西部存在两条区域性的北东向及北北东向梯级带,推断这一地区存在深大断裂构造。工作部署建议见表6-6。

表6-6 拜仁达坝-哈拉白旗找矿远景区工作部署建议表

勘查阶段	远景区名称	面积(km^2)	主攻矿床类型	备注
普查	呼日林敖包-西乌珠穆沁旗南	1903.88	岩浆热液型硫铁矿	包含B级区2个,C级区2个
勘探	拜仁达坝地区	849.90		包含A级区4个,B级区2个

(六)六一-十五里堆硫铁矿找矿远景区

该远景区硫铁矿床赋存在片岩带中。片岩带则赋存于酸性熔岩和凝灰质中酸性熔岩的过渡带中,此带与上下熔岩大致呈过渡关系。

远景区位于内蒙-大兴安岭海西中期褶皱系、大兴安岭海西中期褶皱带、三河镇复向斜内,属得尔布尔-黑山头中断陷和东南沟中坳陷交会部位。

远景区北部区域重力场总体为北东走向,南部重力场总体为近东西走向,反映了远景区的总体构造格架特征。区域重力场最低值-98.53$\times 10^{-5}$ m/s^2,最高值-50.33$\times 10^{-5}$ m/s^2,在远景区南部有梯级带,其展布方向由近东西向转为北北东向,推断此处有断裂存在。工作部署建议见表6-7。

表6-7 六一-十五里堆找矿远景区工作部署建议表

勘查阶段	远景区名称	面积(km^2)	主攻矿床类型	备注
详查	六一牧场地区	158.60	海相火山岩型硫铁矿	包含A级区2个,B级区1个,C级区1个

第四节 开发基地划分

一、开发基地划分原则

按照国家、内蒙古自治区相关产业政策的要求,依据全区矿产资源特点、地质工作程度及环境承载能力,统筹考虑全区经济、技术、安全、环境等因素,结合本次矿产资源预测结果,在综合考虑当前矿产资源分布和预测成果等因素的基础上,进行未来硫铁矿开发基地划分。主要按照勘查工作部署地区进行合理的开发规划,针对预测资源量可被利用的地区进行开发利用,在预测资源量不能被利用的预测地区不进行规划,在选矿技术条件可行、经济合理的情况下再对该地区进行开发规划。

二、开发基地划分及产能预测

根据上述原则,在内蒙古自治区境内共划分了6个硫铁矿资源开发基地(表6-8)。

表6-8　内蒙古自治区硫铁矿未来开发基地预测工作区一览表

预测资源基地级别	预测资源基地名称	矿种	预测时间(年份)	预测资源总量($\times 10^4$t)	预测可供开采资源总量($\times 10^4$t)	预测可供开采资源总量($\times 10^4$t)
A	东升庙-甲生盘开发基地	硫铁矿	2011	矿石:74 279.932	矿石:50 384.039	矿石:30 000
A	别鲁乌图-白乃庙开发基地	硫铁矿	2011	矿石:3794.993	矿石:3794.993	矿石:500.0
B	拜仁达坝-哈拉白旗开发基地	硫铁矿	2011	硫:211.619	硫:211.619	硫:50.0
C	房塔沟-榆树湾开发基地	硫铁矿	2011	矿石:896.510	矿石:896.510	矿石:50.0
C	朝不楞-霍林河开发基地	硫铁矿	2011	硫:548.553	硫:548.553	硫:100.0
C	六一-十五里堆开发基地	硫铁矿	2011	矿石:1272.897	矿石:1272.897	矿石:3000.0

(一)东升庙-甲生盘开发基地

该开发基地位于内蒙古自治区西部地区,属巴彦淖尔市所辖。地理坐标为东经106°30′—110°15′,北纬40°50′—41°50′。

开发基地地势南部高、北部低,阴山山脉横亘中部。地形地貌为中高山区,最高海拔高程为1836.9m,最低海拔高程为1227m,平均海拔高程1500m左右,一般1300~1600m,相对高差一般在200m以上。区内基岩裸露,植被不发育,属于温带大陆性季风气候,年平均气温8.1℃,年平均降水量167mm,无霜期144天。

开发基地位于中新元古代渣尔泰山裂陷槽(或裂谷)内。其基底为新太古界色尔腾山群的中浅变质岩系,原岩建造为基性—中酸性火山岩及碎屑岩和陆源碎屑岩-碳酸盐岩。构成了新太古代的绿岩带。中元古界渣尔泰山群为一套浅变质岩系,主要为石英岩、粉砂岩、碳质板岩、泥质结晶灰岩等,该群的阿古鲁沟组是铁、铜、铅、锌、金、硫等矿床赋存层位。铁、铜、铅、锌、金、硫等矿床形成受活动同生断层控制的次级盆地边部。东升庙、甲生盘等大型矿床即形成于这样的次级盆地内。

另外,该区矿床勘查深度都在1000m以浅,根据构造特点,在1000m以下还有较大厚度的含矿地层,今后勘查目标除了寻找新矿床之外,还应注重深部勘查找矿。

(二)别鲁乌图-白乃庙开发基地

该开发基地位于内蒙古自治区中部地区,属锡林郭勒盟所辖。地理坐标为东经112°15′—113°45′,

北纬42°00′—42°40′。

开发基地地处内蒙古高原,地势西南高、东北低,东部、南部多低山丘陵,西部、北部地形平坦,多为广阔平原谷地,浑善达克沙地由西北部向东南横贯中部。基地属中温带大陆性气候,年平均气温1~2℃,年降水量150~400mm,无霜期90~130天。

(三)拜仁达坝-哈拉白旗开发基地

该开发基地位于内蒙古自治区中东部地区,跨越锡林郭勒盟、赤峰市、通辽市3个地区。地理坐标为东经116°00′—120°30′,北纬43°20′—45°20′。

开发基地地处大兴安岭南段和燕山山麓山地,三面环山,西高东低,具有高原、山地、丘陵、平原等多种地形。基地属中温带内陆季风气候,冬季严寒少雪,夏季雨水集中。春秋两季以多大风、少雨雪为特征。降水量不匀,由西南向东北逐渐减少,年降水量300~538mm。年平均气温南部为-7~6℃;北部为-7~1℃。无霜期146天左右。

开发基地位于华北板块北缘深断裂北侧,出露地层有古元古代片麻岩、变粒岩,中元古界白乃庙群基性—中酸性火山岩及其碎屑岩;早古生代、晚志留世地层和晚古生代、晚石炭世基性—中酸性火山岩及二叠纪火山岩及碎屑岩;中生代晚侏罗世酸性火山岩及其碎屑岩。岩浆活动强烈,而与铜、硫成矿有关的岩浆岩为海西晚期花岗岩和燕山早期超浅成花岗斑岩。该区构造呈东西展布,而控制成矿的断裂构造为白乃庙-镶黄旗断裂,其与被动早期断裂的交会处往往是成矿的有利部位。目前该区已知的硫矿床类型有火山-沉积型(别鲁乌图)和热液型(白乃庙伴生硫)。

该区具有良好的地球化学异常和航磁异常特征,因此可以认为该区是寻找硫铁矿的有力地带。

(四)房塔沟-榆树湾开发基地

该开发基地位于内蒙古自治区西南部地区,属鄂尔多斯市所辖。地理坐标为东经111°00′—111°30′,北纬39°20′—40°00′。

开发基地地势由南向中间隆起,西高东低,属典型极端大陆性气候区,年平均气温6.4℃,年降水量270~400mm。无霜期南部及西部地区130~135天,东部地区135~150天。

(五)朝不楞-霍林河开发基地

该开发基地位于内蒙古自治区中东部地区,属锡林郭勒盟所辖。地理坐标为东经117°00′—120°00′,北纬45°00′—47°00′。

开发基地地处内蒙古高原,地势西南高、东北低,东部、南部多低山丘陵,西部、北部地形平坦,多为广阔平原谷地,浑善达克沙地由西北部向东南横贯中部。基地属中温带大陆性气候,年平均气温1~2℃,年降水量150~400mm。无霜期90~130天。

(六)六一-十五里堆开发基地

该开发基地位于内蒙古自治区东北部地区,属呼伦贝尔市所辖。地理坐标为东经119°30′—120°30′,北纬49°10′—50°00′。

开发基地属高原型地貌。大兴安岭纵贯市境中部,岭西地势高而平缓,岭东是嫩江平原西缘地带,属寒温带气候,昼夜温差大。年平均气温-5~2℃,年平均降水量351mm,无霜期110天。

结 论

一、主要成果

(1)在系统收集、综合分析整理已有硫铁矿地质勘查成果的基础上,选择有代表性的东升庙硫铁矿、驼峰山硫铁矿、六一硫铁矿等9个矿床作为典型矿床,进行深入研究。编制了1∶25 000～1∶2 000不同比例尺典型矿床的成矿要素图、成矿模式图、预测要素图、预测模型图。总结了典型矿床成矿要素及预测要素。

(2)在充分研究不同预测工作区区域成矿规律的基础上,分别编制了预测工作区成矿要素图、成矿模式图、预测要素图、预测模型图,总结了预测工作区成矿要素及预测要素,并按各要素在成矿方面、预测方面的作用大小划分了必要的、重要的和次要的要素,为预测资源量准备了应有的图件。

(3)本次工作共划分出7个硫铁矿预测工作区,硫铁矿圈定了109个最小预测区,其中A级最小预测区25个,B级最小预测区30个,C级最小预测区54个;伴生硫铁矿预测区圈定27个,其中A级最小预测区6个,B级最小预测区6个,C级最小预测区15个,编制了预测工作区和省级预测成果图。

(4)按全国矿产资源潜力评价项目办公室文件《项目办发〔2010〕21号》的附件《预测资源量估算技术要求》(2010年补充),完成了7个硫铁矿预测工作区预测资源量的估算。应用地质体积法对预测工作区的硫铁矿预测资源量进行了估算。

(5)在内蒙古自治区Ⅳ级成矿亚带的基础上,对7个预测工作区进行了硫铁矿种Ⅴ级矿集区划分,为全区硫铁矿勘查工作提供了找矿靶区。

(6)根据本次预测工作成果,初步提出了内蒙古自治区硫铁矿勘查工作部署建议,以及内蒙古自治区硫铁矿未来勘查开发工作预测。

二、质量评述

(1)本次硫铁矿预测是按照"全国矿产资源潜力评价技术总要求、数据模型"和"重要化工矿产资源潜力评价技术要求"开展各项工作。在全面收集、综合研究大量硫铁矿勘查资料的基础上,充分运用计算机技术,提高了工作效率。所提交的各项成果资料均进行了自检、互检和项目组抽检。各类图件质量基本符合技术要求,满足了预测工作需要。

(2)硫铁矿预测资源量估算是根据全国矿产资源潜力评价项目办公室文件"项目办发〔2010〕21号"的附件《预测资源量估算技术要求》(2010年补充)来进行。应用地质体积法对各预测工作区的硫铁矿预测资源量进行了估算。模型区、最小预测区圈定,各项估算参数的确定方法和依据均按技术要求执行。预测结果具有较高的可信度。

三、存在问题

（1）现有硫铁矿勘查资料形成于不同时期，工作质量差别很大，地层划分方案五花八门，使资料应用难度加大。特别是已有资料的单一性与本次预测工作要求资料的多专业综合性的矛盾，成为本次预测工作中需要克服的最大难题。

（2）以往地质工作中，缺乏与硫铁矿有关的大中比例尺物探、化探等综合信息资料，给预测工作带来难以克服的困难，结果造成预测方法单一、预测成果缺乏综合信息验证。

主要参考文献

陈毓川.重要矿产预测类型划分方案[M].北京:地质出版社,2010.

陈毓川,陶维屏.我国金属、非金属矿产资源及成矿规律[J].中国地质,1996(8):10-13.

陈毓川,王登红,等."全国重要矿产和区域成矿规律研究"项目系列丛书之三——重要矿产和区域成矿规律研究技术要求[M].北京:地质出版社,2010.

陈毓川,王登红,等."全国重要矿产和区域成矿规律研究"项目系列丛书之四——重要矿产预测类型划分方案[M].北京:地质出版社,2010.

郎殿有,张兴俊.内蒙古甲生盘铅锌硫矿地质特征及矿床成因[J].矿床地质,1987(2):41-56.

夏学惠,袁家忠,赵玉海.华北地台北缘多金属硫铁矿床地质及其成矿远景区划[J].化工矿产地质,2003,25(3):3-18.

熊先孝,薛天星,商朋强,等.重要化工矿产资源潜力评价技术要求[M].北京.地质出版社,2010.

林棕.内蒙古东升庙硫多金属矿矿床地质特征及其形成机理[J].河北地质学院学报,1999(4):375-385.

主要内部资料

内蒙古自治区乌拉特后旗东升庙多金属硫铁矿区地质勘探报告.化学工业部地质勘探公司内蒙古地质勘探大队,1992年5月.

内蒙古自治区潮格旗炭窑口多金属矿区普查评价总结报告.冶金工业部华北冶金地质勘探公司五一一队,1970年12月.

内蒙古自治区巴盟中后旗对门山硫锌矿床普查评价地质报告.内蒙古自治区108队,979年4月.

内蒙古自治区乌拉特后旗霍各乞矿区一号矿床深部铜多金属矿详查报告.北京西蒙矿产勘查有限责任公司,2007年10月.

内蒙古自治区乌拉特中旗甲生盘铅锌硫矿区详细普查地质报告.内蒙古自治区一〇五地质队,1983年11月.

内蒙古乌拉特前旗山片沟硫铁矿区详细普查地质报告.内蒙古自治区一〇五地质队,1988年6月.

内蒙古准噶尔旗榆树湾乡浪上黄铁矿初步勘探地质报告.内蒙古自治区工业厅地质局703队,1956年12月.

内蒙古准噶尔旗房塔沟黄铁矿初步勘探地质报告.内蒙古自治区工业厅地质局703队,1960年1月.

内蒙古自治区苏尼特右旗别鲁乌图矿区(不含原详查23~31线)铅锌铜硫矿勘探报告.苏尼特右旗朱日和铜业有限责任公司,2010年4月.

内蒙古克什克腾旗拜仁达坝矿区银多金属矿详查报告.内蒙古自治区第九地质矿产勘查开发院,2004年9月.

黑龙江省陈巴尔虎旗六一矿区硫铁矿地质勘探总结报告.黑龙江省化工地质队,1978年7月.

内蒙古自治区陈巴尔虎旗"六一"硫铁矿补充勘探地质报告.化学工业部地质勘探公司黑龙江地质勘探大队,1985年6月.

十五里堆黄铁矿多金属矿床普查勘探报告.黑龙江省地质局十五里堆地质队,1958年7月.

内蒙古自治区巴林左旗驼峰山矿区多金属硫铁矿普查报告.中化地质矿山总局内蒙古地质勘查院,2007年9月.

内蒙古自治区东乌珠穆沁旗朝不楞矿区铁多金属矿详细普查地质报告.内蒙古自治区地质局109地质队,1982年6月.

内蒙古中部地区硫矿分布规律及找矿方向的初步认识.内蒙古自治区地质研究队硫矿组,1978年.

内蒙古自治区化工矿产资料卡片(附化工矿产分布图).中化地质矿山总局内蒙古地质勘查院,1992年.

全国地层多重划分对比研究内蒙古自治区岩石地层.内蒙古自治区地质矿产局,1986年.

内蒙古自治区主要成矿区(带)和成矿系列.邵和明 张履桥,2001年.

矿产预测工作指南.中国地质调查局,2003年.

内蒙古狼山-白乃庙-白音诺尔地区多金属矿床规律及隐伏矿床预测研究.内蒙古自治区地质矿产局,1990年4月.